NF文庫
ノンフィクション

太平洋戦争 捕虜第一号

海軍少尉酒巻和男 真珠湾からの帰還

菅原 完

潮書房光人新社

酒巻和男少尉。特殊潜航艇甲標的の艇長として太平洋戦争劈頭の真珠湾攻撃に参加、艇の故障で奇しくも米軍の捕虜となり、戦争終結までの4年間をアメリカの収容所で過ごすことになる

潜航艇の眼ともいえる転輪羅針儀（ジャイロ）が故障したまま出撃、オアフ島東岸に座礁した酒巻艇。自爆装置が作動せず、米軍に接収されてしまった

真珠湾で戦死した特殊潜航艇搭乗員９名は「九軍神」として称えられた

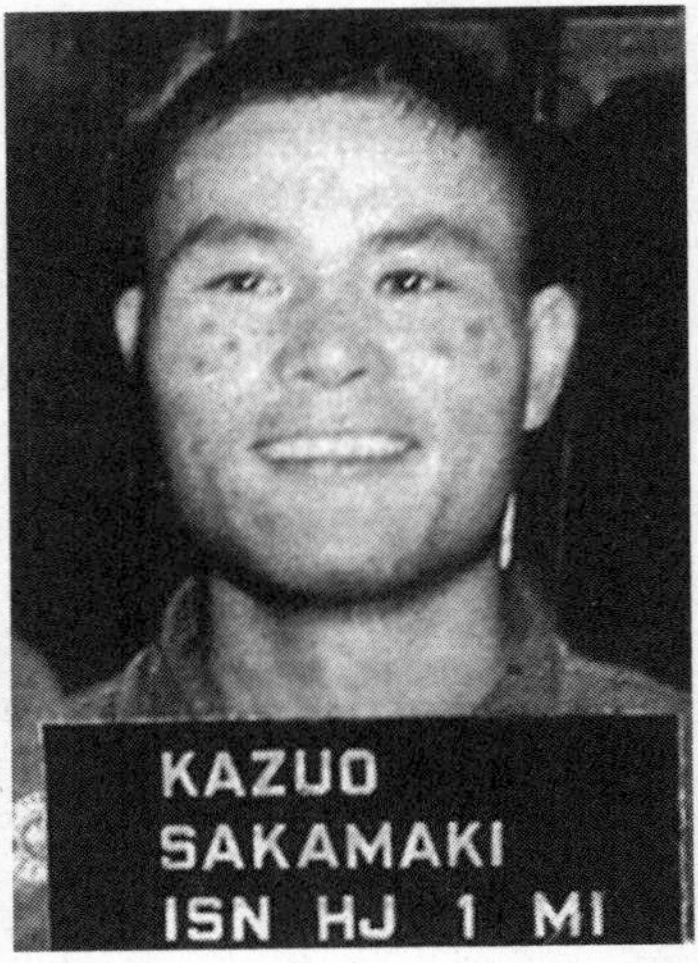

捕虜となった当時の酒巻。銘々票（人事記録）の写真。名、姓、捕虜番号を示す

はじめに

日本人にとって昭和一六（一九四一）年一二月八日と昭和二〇（一九四五）年八月一五日は、歴史上決して忘れることのできない日である。

いうまでもなく、前者はハワイ準州（当時）オアフ島の真珠湾に在泊中のアメリカ海軍太平洋艦隊に対し、日本海軍が奇襲攻撃をして太平洋戦争が始まった開戦記念日、後者は日本がポツダム宣言を受諾して戦争が終結した終戦（実質的には敗戦）記念日である。

日本が、その国力が一〇倍も二〇倍もあるといわれていたアメリカに、戦えば敗れることは自明の理であったアメリカに対して何故戦争を挑んだのか。「失敗は教訓の宝庫」といわれている。しかし、残念ながら、いまだに多くの貴重な教訓は学び尽されていないのではないだろうか。

戦争が始まった昭和一六年、筆者は山口県立防府中学校の一年生であったが、この年は、年の初めから子供なりに何か今までとは違ったものを感じ取っていた。まず一月八日。時の陸軍大臣東條英機が全陸軍将兵に対して「戦陣訓」を告示し、「本訓・其ノ二第八 名ヲ惜ジム」により捕虜になることを禁じたが、これは陸軍のみならず海軍将兵や全国民をも呪縛《じゅばく》し、アメリカ軍に攻略されたサイパン島の邦人や沖縄県民の集団自決に繋がっている。

三月には、その名称が同盟国ドイツのフォルクス〈国民・民族〉シュレー〈学校〉に起因するともいわれている国民学校令が公布され、四月からは、それまでの小学校令が廃止されて国民学校が発足し、児童は国民学校に通うことになった。

筆者たちについていえば、内申書と面接だけの筆記試験省略で中学校に入学した。しかし、制服はそれまでの霜降りの生地から国防色といわれたカーキ色に、丸い学生帽も陸軍式の戦闘帽に変わったのである。服装だけでなく、授業も教練の時間が次第に多くなった。

一〇月に入って第三次近衛内閣が辞職し、直ちに現役の陸軍中将東條英機が組閣したときは何かしら緊張感が高まったが、それも間もなく始まる中間試験のことで頭が一杯になって束の間に忘れ、大人にとっては一一月一日の煙草の大幅値上げの方が、音もなく急速に忍び寄る戦争の気配よりも切実な問題だったのかも知れない。

そして一二月八日月曜日。寒い冬の朝、起きて学校に行く準備をしていると、突然ラジオから「臨時ニュースを申し上げます」との前置き二回に続いて「『大本営陸海軍部、一二月八日午前六時発表。帝国陸海軍ハ、本八日未明、西太平洋ニオイテ、アメリカ、イギリス軍ト交戦状態ニ入レリ』今朝、大本営陸海軍部からこのように発表されました」、という放送があった。

遂に来るべきものが来たという感じである。しかし、一体西太平洋とはどこなのか。交戦状態は局地的なのか、全面的なのか、考えても分らない。戦争と聞いて子供心にも思ったことは、あの大きなアメリカと戦争をして、果たして勝てるのだろうかということである。アメリカだけではない。イギリス、オランダも連合国である。

すでに日本は四年間も中国と戦争をして疲弊《ひへい》している。アメリカは豊かな国で、各家庭には車や冷蔵庫、洗濯機といった家電も完備していると聞く。日本では車の代わりに自転車、木製の洗濯盥《だらい》に洗濯板で手洗い。家庭用の冷蔵庫はない。業務用の冷蔵庫といっても氷で冷やしていた。ラジオもすべての家庭にある訳ではない。そう思うと、なんだか急に前途が暗くなったような気がした。

しかし、直ぐに思い直した。日本人にはアメリカ人にはない大和魂がある。日本は神国である。日清・日露の戦役にも負けたことはない。二度あることは三度あるといよう。今度も負けることはないだろうと、自分自身に言い聞かせると気が楽になって、よし、やるぞという気になったことを覚えている。

何はともあれ急いで登校した。学校に着くと、すでに登校していた先生や級友たちも興奮気味に、「戦争だ」「戦争だ」といっている。やがて全校生徒は校庭に集合し、号令台に上がった校長からアメリカ、イギリスに対する開戦を告げられた。それから、裏山の中腹にある護国神社まで七五〇名の全校生徒が整然と四列縦隊の隊伍を組んで戦勝祈願に参拝した。

正午には宣戦の詔勅が渙発《かんぱつ》され、一三時三〇分には、日本軍の攻撃と各国の反応について放送された。海軍の機動部隊によるハワイ空襲を知り、西太平洋が分ったのはこのときであるが、その戦果を聞いたのは、二〇時四五分の大本営発表であった。ラジオから流れて来る大本営発表の戦艦二隻撃沈、四隻大破……という大戦果を家族と一緒に聞きながら、「やった！　海軍凄いぞ」「日本、勝った。勝った。アメリカ、たいしたことはないよ」などと口々にいって今朝がたの懸念もどこかに吹っ飛び、興奮状態に陥った。以上は、地方の中小都市に住む一中学生であった筆者の昭和一六年一二月八日の思い出である。当時は、ハード面の劣勢を、次元の異なるヒューマン面で補えると信じて疑わなかったのである。

開戦から三日目の一二月一〇日、海軍航空隊はまたもやマレー半島のクワンタン沖においてイギリス東洋艦隊の新鋭戦艦「プリンス・オブ・ウエールズ」と巡洋戦艦「レパルス」の二隻を海底に葬るという赫々《かくかく》たる戦果を挙げた。将に連戦連勝、向かう所敵なしである。国民は勝利の美酒に酔いしれた。そして、一二月一八日の一五時、大本営海軍部は真珠湾攻撃の総合戦果を発表した。我が精鋭な航空隊が挙げた戦果は、あたかも池に潜《ひそ》む蛟竜《こうりゅう》が雲雨を得たのに似ていた。

敵に与えた損害：

一、艦艇

撃沈〈完全損失〉：戦艦「アリゾナ」「オクラホマ」、標的艦「ユタ」。〈のち復旧〉戦艦「ウエスト・ヴァージニア」「カリフォルニア」、機雷敷設艇「オグララ」

座礁：戦艦「ネバダ」、駆逐艦「ショー」「ダウンズ」「カッシン」、工作艦「ベスタル」

損傷：戦艦「テネシー」「メリーランド」「ペンシルバニア」、軽巡「ニュー・オルリーンズ」「ホノルル」「ヘレナ」「ローリー」、水上機母艦「カーティス」

二、航空機
損失：一八八　損傷：一五九
三、我が方損害
航空機二九機。未だ帰還せざる特殊潜航艇五隻

アメリカ太平洋艦隊は壊滅《かいめつ》した。そして、敵航空兵力に与えた損害も甚大であった。日本国中、この放送に歓声が沸き上がった。しかし、このとき、祖国日本から遠く離れたアメリカのハワイ準州、オアフ島の準州都ホノルル市内にある合衆国陸軍シャフター駐屯地の仮営倉に捕らわれの身となり、二四時間厳重な監視下にあって自決もままならず、任務を達成できず捕虜になったことに対する自責の念と屈辱感に苛《さいな》まれながら呻吟《しんぎん》する一人の海軍士官がいたことを日本人は誰一人知らなかった。

本書は、開戦から終戦、その後の復員に至るまでの四年一ヵ月にわたる長い日々を日付変更線の向こう側において、身に寸鉄も帯びず敵と、そして自分自身の虜囚《りょしゅう》の身の境遇とも戦い続け、多くの捕虜を無事に帰国させた若き一海軍士官の数奇な運命の旅路を描いたものである。

太平洋戦争　捕虜第一号――目次

第五章　真珠湾攻撃……128

太平洋戦争　捕虜第一号

第一章　生い立ち

小学校でもリーダーシップ

本書の主人公酒巻和男は、大正七（一九一八）年一一月八日、徳島県阿波郡林町（現・阿波市阿波町）の農家酒巻家の八人兄弟の次男として生まれた。父惣三郎は小学校の校長・郷土史家、母トキは家事の傍ら農業の手伝いをしていた。折しもこの年の一一月一二日、ドイツが休戦条約に調印し、第一次世界大戦が終結している。

周知の通り、日本は第一次世界大戦には連合国側の一員として参加し、大正三（一九一四）年八月二十三日ドイツに対して宣戦布告。十月には赤道以北のドイツ領南洋諸島を、翌十一月には膠州湾《こうしゅうわん》にあるその根拠地青島《チンタオ》を占領、東アジアの戦闘は終了し、日本本土が戦禍に巻き込まれることはなかった。しかし、四年余にわたる欧州を中心とした全世界におよぶ戦争の悲惨な状況を知った誰しもが平和を切望していたときである。そのようなときに生まれた男の子である。平和な男の子、すなわち和男と名付けられたのではないだろうか。

戦後の昭和二十二年、徳島県阿波郡林町国民学校長だった西条元市氏によると、幼稚会当時の酒巻はいかにも父親に似た丸顔にパッチリした黒い瞳で、いつもにこにこと、そのふくよかな姿は目についていた。ある先生は西郷さんみたような感じのする子だと言っていた。あるとき、転任して行った先生に近況報告をしたらよいと酒巻が提案し、生徒一同が賛成、酒巻の書いた手紙を叩き台にして案文を纏《まと》め、手紙を出したこともある。このようにして六〇名の同級生をリードしていた。酒巻のこの幼少期から発揮していたリーダーシップが、兵学校の教育・訓練を通じて磨かれ、後日、捕虜生活でややもすれば規律が乱れ勝ちになった下士官兵を纏めるときに役立ったのであろう。

酒巻が小学四年生のときに書いた「この頃、私の内で一日にする仕事」という題の綴方の一部である。

「朝兄さんが学校へ行くからお母さんと二人は四時頃に起き日の出るまで仕事をする、

私は六時頃に起きるとごはんやお茶をたきます――お昼に私が学校からかえると大がい（大概）私の内の人は汗を流して仕事をしています、弟は赤ちゃんをおぶって当年四つの子をつれて遊んでいます――日暮れまでお手伝いをします、本当にきりきりまいするくらい仕事があります――夜兄さんはお父さんに勉強を教えてもらっている、私は赤子を守ります、お母さんはよなべを一生けんめいにしています、大きい兄さんはやけい（夜警）の番でない時には、お正月につくお米をふんでいます」

当時の酒巻が育ち、仕付けられた環境が垣間見える。

酒巻と筆者は一回り違うが、育った環境はほぼ同じであったと思われる。ご飯を炊くといっても、今日の様に炊飯器にカップで何杯かの無洗米を計って入れ、その米の量に対応する目盛まで水を入れ、蓋をしてスイッチをオンにすればよい訳ではない。

米が入っている大きな容器から木製の四角い升《ます》で米を計り、釜に入れて水の濁りが薄くなるまで研《と》ぐ。水道がないから、水は手押しポンプで地下水を汲み上げて水槽に溜め、柄杓《ひしゃく》ですくって使う。水加減は、平らになった米の上に掌《てのひら》を置き、手首の少し上までがよい。そして、米はしばらく（最低三〇分）水に浸しておく。

この間に薪《まき》の準備をする。釜を竈《かまど》に乗せて薪を燃やすが、最初は燃えやすいように薪を細かく割って置き、丸めた古新聞紙と一緒にしてマッチで火をつける。沸騰するまで弱火～中火で炊く。水分が吹きこぼれ始めると強火にする。この要領を「後先チョロチョロ、中パッパ」という。

重い木の蓋《ふた》が吹きこぼれを防ぐが、その量が少なくなると、火を徐々に弱めて行く。蒸気の量も少なくなる。ほのかにご飯の匂いがすると釜を竈から下ろし、一〇～二〇分蒸《む》らすと炊き上がりである。この間に約一時間かかるが、竈から離れることはできない。

竈の口や内部は広くないので、薪は事前に小さく割って置くことも必要である。酒巻が「きりきり舞いするくらい仕事がある」というのも理解できる。なお、「中パッパ」で火力を強めるためには、火吹き竹（一端に節を残して小さな穴が開けてあり、そこから息を吹き入れる）という小道具を使った。

これらは、今から四分の三世紀昔の話なので、当時のことを正確に理解するには、若い読者には失礼ながら、時代考証が必要かも知れない。

中学時代

昭和五年三月、酒巻は小学校を卒業すると、同年四月、徳島県立脇町中学校（以下「脇中」）に入学した。まだ日常生活に軍事色は見られなかった時代である。しかし、一年もすると中国大陸では日中と、それを取り巻く諸外国との間の情勢に暗雲が漂い始める。

すなわち翌昭和六年九月一八日、柳条湖事件に端を発する満州（中国東方地域）事変が始まる。そして昭和七年三月一日、満州国が建国されるが、日本は満州事変の処理に関して国際連盟が派遣したリットン調査団が提出した報告書の採択に反対し、昭和八年三月二七日、正式に同連盟からの脱退を通告した。

一方、国内では昭和七年五月一五日、海軍青年士官・陸軍士官学校生徒などを中心としたクーデターが起きる。いわゆる五・一五事件である、彼らは首相官邸、三菱・日本銀行、警視庁などを襲撃し、犬養毅首相、警備巡査らを殺傷した。この事件は政党政治の時代に終止符を打ち、軍部の発言権を増大させ、右翼団体の続出など、日本のファッショ化に大きな影響を与えることになる。

そして、昭和一一年二月二六日、陸軍の皇道派青年将校が武力による政治改革を目指し、在京部隊の下士官兵約一五〇〇名を率いてクーデターを起こした。いわゆる二・二六事件である。反乱部隊は斎藤實内大臣、高橋是清蔵相らを殺害、国会議事堂・首相官邸付近を占領したが、二七日、東京市に戒厳令が公布され、二九日には鎮圧された。

青年将校の大半は特設された軍法会議により死刑を言い渡され、以後、陸軍中枢は寺内寿一、梅津美治郎、杉山元、東條英機らの新統制派で固められた。また、皇道派将軍の陸相就任を防ぐという名目で陸海軍大臣現役制を復活し、内閣の生殺与奪の権を握り、軍部の発言権がさらに強化された。また、中国大陸では第一次上海事変、盧《ろ》溝橋《こうきょう》事件、第二次上海事変といった局地紛争が起きて日中戦争の導火線となった。

海軍兵学校志望

このような時代にあって、当初、酒巻は高等師範学校（高師）を志望し、中学校の教師になろうと考えていた。当時、高師は東京高師と広島高師の二つがあり、後者は「教育の西の総本山」といわれ、日本の教育界をリードする存在であり、海軍兵学校を除いて、西日本では官費で高等教育が受けられる唯一の魅力的な学校であった。ちなみに、ある統計によれば、昭和一〇（一九三五）年、中等教育を受けた者の同一年代者に対する比率は三九・七パーセント、高等教育を受けた者のそれはわずかに三・〇パーセントである。高等教育が広範な社会階層に広まった現在と比較すると、信じられない数値である。

酒巻や同級生たちも五年生になると、将来の方針を真剣に考えざるを得ない時期になった。当時、満州国の建国や日本人移民排斥問題に起因する日米関係は悪化し、第二次世界大戦の前兆とも言い触らされていた。酒巻は、仮に徴兵で入隊して二等兵になっても、軍学校に行って士官になっても、同じように戦場に行って死なねばならないとすれば、男一匹、地道な中学教師よりも、軍隊に跳び込んで出たとこ勝負を試すのがこの非常時に相応しい青年の生き方ではないかと考える様になっていた。彼がこう考えるに至ったのは当時の世相もさることながら、呉に住む義理の叔父で陸軍軍人の安友亀一氏の影響が大きかったと思われる。

では、軍学校といっても陸軍にするか、海軍にするかという問題があるが、彼は何だか堅苦しくて封建的な感じのする陸軍よりも、明朗でスマートな海軍を選んだ。この酒巻の考え方は、戦時中に同じ体験をした筆者には痛いほどよく理解できるのである。事実、世相は非常時の時代心理となり、身体壮健、学力優秀な中学生は、すべからく陸軍士官学校（陸士）、または海軍兵学校（海兵）に行くべし、というのが当たり前の時代になっていた。

筆者の兵学校同期の畏友・近藤基樹君から借用した資料に「海軍クラブ・江田島海軍兵学校」（昭和一一年五月一五日発刊）のコピーがある。この中にある兵学校海軍生徒志願者心得によると、受験資格は次の通りである。
1 大正七年四月二日より大正一〇年四月一日までに生まれた者
2 学歴制限なし
3 学力は、中等学校第四学年第一学期終了程度を標準とする
4 略――

酒巻は、それまでは親友香田直人、藤井芳清の両君と連れ立って三人で広島高師を受験することを考えていたが、遂に軍人を志望し、兵学校の受験を決意したのである。しかし、その時点では兵学校の入試の難易度や入校後の教育・訓練の厳しさについて十分な知識がなく、また、この年に行なわれる学術試験の対策や準備も整っていなかったので、叔父の助言や父親と相談の結果、この年の受験は断念し、一年遅らせて翌年のチャンスを待つことになった。そして、受験する以上、家庭の事情（父親は数年前に定年退職、下に大勢の弟たちがいる）もあり、万全を期して合格する必要があった。彼は初志を貫き、家族、学校の先生方や友人の期待に応えるために背水の陣を敷いて受験準備をしたと思われる。予備校の選定についても、事前にその下見をするなど、彼の本気度がうかがえる。

令弟の松原伸夫氏からお聞きしたところでは、酒巻は兵学校受験前の約一年間を前

述の呉の叔父宅に下宿して兵学校の予備校ともいえる呉一中の補習科に通ったそうである。呉といえば鎮守府・軍港があり、多くの海軍軍人がいる。彼らの子弟で兵学校を志す者も多数いたであろう。中国・四国地方第一の都会であり「教育の西の総本山」が所在する広島も目と鼻の先である。恐らく有益な参考書類や貴重な情報も徳島よりは容易に入手できたと思われる。

少し横道にそれるが、当時の兵学校の入校は、どのくらいの難関だったのであろうか。前述の「海軍クラブ」には海軍兵学校生徒志願者試験一覧表という表があり、昭和十年の道府県ごとの受験者の所属中学等の名称、志願人員、身体検査受験人員、学術試験受験人員、採用人員の数が列記されている。徳島県を見ると八校で七八名が受験し、採用人員は徳島中学一名である。ちなみに、お隣の香川県は同じく八校八四名、採用人員〇名となっている。この結果から、読者には兵学校の入試の難関を突破することは大変であったことが、ご理解できると思う。

「カイヘイゴウカク」

昭和十一年の身体検査は八月上旬に行なわれた。何といっても最大の難関は、両眼の裸眼視力が一・〇以上という基準である。また、天井から垂直に吊り下げたロープに摑まる片腕懸垂も海軍ならではの検査であろう。六割弱の志願者が身体検査で落された、残った者が学術試験を受けるが、酒巻がどこの受験場で受験したかは定かでない。

学術試験は一二月に入って行なわれた。一日目は代数、英語。二日目は幾何、物理、化学。三日目は日本歴史、国語、漢文、作文。志願者心得に「試験成績著シク不良ナル時ハ、爾後ノ受験ヲ停止ス」とある。これは、兵学校の学術試験の合否は総合点ではなく、科目ごとに一定の水準に達していなければならないことを意味した。受験した科目の合否はその日の内に発表され、試験場に張り出された受験者全員の受験番号を書いた大きな紙に、不合格者の番号は朱線が引かれ、身体検査時に提出した写真（上半身裸体。下半身はブリーフ一枚）がテーブルの上に積まれていた。四日目は口頭試問と被服の採寸。最後まで残れたからといっても、必ずしも合格するとは限らない。後は天命を待つのみである。

年が明けて昭和一二年になった。余寒の厳しい二月一一日の紀元節（神武天皇即位の日。現在の建国記念日）、酒巻宛てに一通の電報が届いた。待ちに待った合格通知である。酒巻が二つ折りの電報用紙を受けとって開いてみると、紛れもなく「カイヘイゴウカク、イインテウ」とある。遂に兵学校に合格したのである。この年の合格者は、徳島県下では酒巻のほか阿波中から一名、計二名で、約四〇名に一人の難関といわれていた。

酒巻は、折り返して「サイヨウキボウ、サカマキカズオ」と返電し、父母、きょうだい、県の叔父と叔母、卒業はしていたが中学の先生、そして友人に、この吉報を連絡した。

普通の学校であればこれで終わりであるが、兵学校の場合、入校直前に再度厳重な身体検査がある。それまでの身分は、採用予定者である。しかも、最終身体検査で毎年何名かが不合格になっているという。酒巻もこの検査が終わるまでは、何となく不安な、落ち着かない気分で過ごしたのではないか。

余談になるが、この年の酒巻の兵学校合格は、脇中にとって、前例のない一大快挙だったに違いない。当時は不文律ではあったが、陸士、海兵の合格者数でその学校の序列が決まっていたので、受験生はいうまでもなく、受験生を指導する教師も受験準備の指導に全力投球し、同級生も学校の名誉にかけてとばかり一丸となって応援したものである。

その昔、徳島県では県庁の所在地徳島市にある徳島尋常中学校が県下では唯一の中学校であったが、明治二九年、同校の第一分校として脇中（第二分校は富岡中）が開校し、三年後の明治三二年、徳島県脇町中学校として独立した。そして、明治三四年には徳島県立脇町中学校と改称している。それ故、酒巻の兵学校合格は、いわば、弟分が兄貴を追い抜いたようなものである。脇中関係者の鼻が高くなったであろうことは、想像に難くない。

脇中からの依頼で、酒巻は合格発表があってから間もなくして（兵学校入校前）、同校の講堂で後輩たちに講演をしている。演題は、彼が如何にして兵学校の入試の難関を突破したかの秘訣についてであったと思われる。脇中卒業生の酒巻が兵学校に合格したという実績は、生徒を激励するこの上ない贈物になったことであろう。入校後も、酒巻は休暇で帰省した折、しばしば母校を訪れて後輩のために講演している。彼らは先輩のスマートな単ジャケットに短剣姿を羨望《せんぼう》の眼差《まなざ》しで見詰めたことであろう。

昭和 12 年 4 月、海軍兵学校入校時の酒巻和男生徒〔提供：酒巻潔氏〕

江田島の海軍兵学校。右奥が赤レンガの東生徒館。左手前が酒巻たちが在校中の昭和13年に完成した西生徒館。背後には古鷹山がそびえている

酒巻の母校、徳島県立脇町中学校

第二章　海軍兵学校

沿革と組織

海軍兵学校の起源は明治二（一八六九）年、東京・築地に創設された海軍操練所であり、翌明治三年に海軍兵学寮と改称され、明治九年に海軍兵学校となった。その後、明治二一年に広島県江田島に移転し、以後、「アナポリス」が合衆国海軍兵学校の代名詞であるように、「江田島」は帝国海軍兵学校のそれとなった。

霊峰古鷹山を後ろに、水清澄《せいちょう》な江田内に面して白砂青松《はくしゃせいしょう》、緑の芝生に囲まれ、塵《ちり》ひとつない広い敷地に建つ赤レンガの東生徒館、大講堂、教育参考館など、歴史のある数々の重厚な建物。江田島は兵学校出身者にとって、心の故郷《ふるさと》である。

◇生徒隊・部・分隊・号・教班

入校式や当日の行事に移る前に、酒巻が兵学校に入校した当時（昭和一二年四月一日現在）の同校の組織について、兵学校を理解するため、簡単に説明して置きたい。

兵学校は全寮自治制で、日常の躾《しつけ》教育、生活指導は伍長（最上級生の一号生徒の先任。先任とは、そのグループのリーダーをいう）以下の一号生徒に任されていたが、各分隊には兵（機関）学校出身の少佐・大尉クラスが分隊監事として配置され、大所高所から指導した。当時の在校生は、次の四期である。

六五期：一号生徒（最上級生）×一九〇名（昭和九年四月一日～一三年三月一六日）
六六期：二号生徒（二年生）×二二五名（昭和一〇年四月一日～一三年九月二七日）
六七期：三号生徒（三年生）×二五〇名（昭和一一年四月一日～一四年七月二五日）
六八期：四号生徒（新入生）×三〇〇名（昭和一二年四月一日～一五年八月七日）

生徒隊　九六五名[注]

注：入校時とその後の生徒数については正確な資料がないので、卒業時のそれから推定した。

分隊は、生徒館生活のための縦割制度である。具体的には「生徒隊」（全校生徒）の各期を二四個分隊に分け、一号×八名、二号×九名、三号×一〇～一一名、四号×

一二〜一三名の約四〇名で一個分隊を編成し、自習室（一階）と寝室（二〜三階）で起居を共にした。そして、この分隊四個をまとめたグループを「部」と称した。従って、「部」は第一部から第六部まである。分隊の番号は第一分隊から第二四分隊までの通し番号なので、例えば、第四部の最後の分隊は第一六分隊である。

分隊内の各号の特徴を示せば、鬼の一号（オールマイティで指揮命令は一号だけの特権。これを通じて将来の部下統率のコツを学ぶ）。むっつり二号（黙って一号のやり方を見て将来の天下取りに備える）。お袋三号（お袋役でいろいろと親身になって四号の世話を焼く）。ガキの四号（「ガキ」のように日常の日課、訓練、隊務に追いまくられ無我夢中で多忙な日を送った）と譬《たと》えられていた。

「号」は兵学校特有の呼称で娑婆《しゃば》（海軍に対する外部、俗世をいう）とは反対に、上級生になる程その数が若くなる。その起源は明治六（一八七三）年、海軍兵学寮時代に遡るという。

前述の通り、分隊は生徒館生活のための縦割制度なので、期（学年）ごとにその内容が異なる訓練や体育、学術教育は、同じ期の四個分隊（部）約三〇〜五〇名で横割制度の教班を編成して実施したが、どのように呼称したかは定かでない。第一部の四号のグループであれば、第一四教班とでもいったのだろうか。

◇教官・教員・教授

武官教官は兵（機関）学校出身の士官であったが、兵曹長（准士官）以上は「教官」（海軍では職名や階級は敬称扱いなので、「殿」は付けない）と呼んだ。

兵学校には各鎮守府注選り抜きの優秀な下士官がインストラクターとして多数配置されていて、彼らを「教員」と呼んだ。主として実技を担当したが、彼らの身分は生徒の下になる。善行章を三本も着けたその道の超ベテランで、実施部隊にいれば神様的な存在の彼らの内心は、どうであったか。

文官教授は、東京・京都帝国大学、高師のトップ・クラスでないと採用されなかったと聞く。源内さんこと平賀春二英語教授のように、海軍をこよなく敬愛し、生徒から慕われた教授もおられた。

注：鎮守府――横須賀、呉、佐世保に置かれた所管海軍区の警備防衛を担当し、所属部隊を監督した機関。
当時、舞鶴は軍縮のため格下げされて要港とされていた。
善行章――下士官兵が階級章の上部につける山形のライン。無事故で二年勤務すると一本増える。

江田島へ

入校式は四月一日であったが、酒巻は「生徒採用予定者ニ関スル心得」に書かれていた着校予定日三月二四日の一日前に徳島を発ち、その日の夜は呉の叔父宅に一泊して翌日着校することにした。朝未だき穴吹駅には徳島行に乗る酒巻を見送るため、家族、友人などが集まっているところへ学校の先生方が現われた。酒巻の両親やきょうだいは、「この度は、本当にありがとうございました」と口々に心から礼を述べた。

間もなくして列車が到着した。酒巻は先生方に丁重に礼を述べてから近くの三等車に乗り込んだ。発車するまでに数分の時間があるので、酒巻は窓から身を乗り出して友人と別れを惜しんだ。遂に発車のベルが鳴り響いた。汽車が動き始め、スピードを上げるにつれて窓から手を振る彼の姿は小さくなり、やがて見えなくなった。

この日の午後遅く、高松・岡山経由で呉の叔父宅に到着した酒巻は、昨年の下宿生活で世話になったことを感謝し、叔父一家にも兵学校入校を喜んでもらい、その夜は旅の疲れを癒した。翌朝、彼は川原石波止場から一番の定期船で、といっても焼玉のポンポン蒸気であるが、江田島に渡った。春の瀬戸内海は穏やかで、その色合いは美しかった。ふと船内を見渡すと、風呂敷包みやカバンを下げた採用予定者らしき同年配の若者たちが、沖の軍艦を一心に見とれていた。

小用《こよう》に着くとバスが待っていたので、それに乗った。右手に古鷹山の麓を眺めながら行くと、程なくして人家が見え始めた。田舎にしては整然とした街並みで、写真屋と洗濯屋の看板が目立つことに気付いた。

バスを降りて、勝海舟の筆になる「海軍兵学校」の門標を掲げた校門（ここは裏門。正門は江田内に突出した表桟橋）を入ると、視界がパッと明るく開け、満開の桜が印象的だった。警衛に到着届を出すと、到着する採用予定者を待ち受けていた士官が、入校まで宿泊することになる倶楽部《クラブ》への道順を教えてくれた。

行ってみると、倶楽部というハイカラな呼び名に対する期待に反して、只の大きな農家だった。しかし、農家とはいえ、天下の「兵学校御用達」であるから、必要な設備は整っていた。倶楽部には、酒巻の後から次々と樺太、台湾、関東州などの外地や、内地の津々浦々から採用予定者が到着した。中には家族が付き添って来た者もいたが、家族は、別途宿泊できるように倶楽部が手配されていた。

入校式前日の決意確認

昭和一二年入校の同期《クラス》という運命共同体の採予定者同士なので、彼らは直ぐに打ち解けて話し始めたが、鹿児島や東北地方出身者の方言は難解だった。やはり東京出身者の言葉が一番分かりやすく、また、彼らの人数も予期に反して多かった。前出の

「海軍クラブ」の資料では、採用者二三〇名の内、東京は三〇名となっている。都会の「青白きインテリ」などという評価は通用しないことがわかる。

入校式直前の身体検査は校内の病室で行なわれた。毎年、何人かは不合格になり、往復の旅費を支給され、肩を落として校門を後にすると言われているが、この年、何人が不合格になったかは定かでない。

いよいよ明日が入校式という前日の夜、それまでに兵学校内の見学や古鷹登山を共にした期指導官のS少佐が倶楽部に来て、酒巻と一緒に宿泊していた採用予定者総員を集め、改まった面持ちで口を切った。

「明日は入校式である。式で兵学校生徒を命じられると海軍軍籍に編入されるので、個人の意思で勝手に退校することは許されない。体力に自信がないなどと、軍籍編入を本心より希望しない者は、今が入校を辞退する最後のチャンスである。そのような者がいたら、今直ぐに辞退を申し出るように」

と、最後の決意の確認があった。お互いに顔を見合わせる者もいたが、酒巻と一緒にいた者の中からは、この期《ご》に及んで辞退を申し出た者はいなかった。

兵学校生活第一日

昭和一二年四月一日。気候温暖な広島地方は、朝から麗《うら》らかな春日和だった。採用予定者は午前七時校門に集合し、彼らが所属する分隊毎にまとまった。分隊は全部で二四個分隊、酒巻は第一六分隊所属であった。その後入浴して文字通り娑婆の垢を洗い落とし、下着、靴下に至るまで真新しい官給品に着替え、錨の襟章の付いた第一種軍装（紺色の冬制服）を着用した。

次に彼らは重厚な生徒館に案内された。そこには所属する分隊の自習室もあり、普通の学校の教室の様に木製のデスクが並べられていた。続いて二階の寝室に案内された。広い部屋いっぱいに並べられた寝台の上には、キチンと折り畳んで積み重ねた青色の線入の毛布[注]の上には枕と寝巻が置かれていた。

各自の寝台の足部にはチェスト[注]と呼ばれる頑丈な鉄函《てつばこ》が置いてあり、開けて見ると種々の衣類の上に短剣[注]があった。待望の短剣である。ボタンを押してそっと抜いてみると、閃光が眼を射た。

注：毛布――毛布の青線は折り返しのところに出るようになっていて、一瞥して畳み方の良し悪しが分る仕組になっていた。

チェスト――昭和一二年当時使われていた頑丈な鉄製のチェスト（蓋付の大型収納箱）は、恐らく、戦時中の金属類回収令により廃止されたものと思われる。筆者たちが入校した昭和二〇年四月、チェストは頑丈な木製両開きの洋服ダンスであった。

短剣——短剣は服装の一部であって、兵器ではない。海軍の拡張につれて士官や生徒の入隊者が多くなると短剣も粗製濫造《そせいらんぞう》になり、最後の頃は支給されなくなった。

程なくして食堂に案内され、初めて海軍の食事をしたが、何が出されたかは定かではない。

しかし前年の六七期のときはカレーライスだったというので、当年もカレーライスだったのではないか。日本でカレーを普及させた元祖は海軍である。兵学校のカレーはあまり辛くはないが風格があって生徒に好まれていた。

食堂は広々として、当直監事の「着《ツ》ケ」の号令で生徒総員が着席し、「掛《カカ》レ」の号令で食事を始めた。上級生のテーブル・マナーの良いのには驚かされる。「開ケ」の号令で、食事を終えた者から、適宜退出して行った。

入校式

一三時から入校式が大講堂で行なわれた。式場では全教官、在校生徒、兵員、付き添いの家族も参列した。第三六代兵学校長・出光万兵衛中将（三三期）が「野村 孝《たかし》以下三〇〇名[注]、海軍兵学校生徒ヲ命ズ」と告達し、これに応えて先任野村生徒が「野村孝儀今般海軍兵学校生徒ニ採用相成リ候ニツイテハ自今誠意ヲ以テ海軍ノ規律ニ服従シ将来海軍兵科将校トシテ其ノ本分ヲ堅守《けんしゅ》スルコトヲ誓ウ」と宣誓した。

次いで誓約書の朗読、勅諭奉唱の後、校長はその訓示の中で、「諸子は全国各地に咲いた名花であるが、今日からは一つ桜の花にならねばならぬ」と強調した。それは六八期生の脳裏に末永く焼き付けられたという。

大正一五（一九二六）年以降の生徒採用人数は、ワシントン・ロンドン軍縮条約の影響で従来の約半数に縮小されていたが、昭和九年一〇月、日本は昭和一一年末を以てワシントン軍縮条約を廃棄する旨を通告し、同条約の所定に従って、同年末に両条約が共に失効した。

そして、いわゆる海軍休日《ネーバル・ホリデイ》は終わり、昭和一二年一月からは無条約時代が始まっていた。生徒数が三〇〇名になった昭和最初の期《クラス》が、この六八期である。大正一〇（一九二一）年の五二期以来、実に一六年振りのことであった。

入校式で海軍生徒を命じられると、その身分は一等兵曹（当時。最上位の下士官）の上、兵曹長の下になる。海軍式の「外から内へ」。先ず、身分を与え服装を整え、それにふさわしい人格を形成し、言動を取らせるということであろうか。

注：身体検査不合格者や辞退者がいた可能性はあるので、実際に任命された者の数は三〇〇名を切っていたと思われる。しかし六七期で病気のため留年し、六八期に編入された者もいたので、六八期として教育・訓練を開始した人数は、差し引き約三〇〇名であろう。

式の後、寝室で事業服に着替えた。事業服は白地の木綿のシンプルなデザインであるが着やすく、ズボンも紐で締め、きりっとした着心地は格別といわれている。夏冬を通じて事業服に白い日覆を掛けた軍帽が生徒の日常の服装であった。

身辺整理の時間が与えられ、この間に今朝まで着ていた学生服などを荷造りして留守宅に送り返し、これで娑婆との縁が切れたのである。

一七時三〇分から夕食である。筆者たち昭和二〇年春の食糧難のときであっても、入校当日の夕食には赤飯が食膳を賑わした記憶があるが、副食については往時茫々として思い出せない。戦前の酒巻たちのときは、赤飯との尾頭付きだったのではないだろうか。

翌日から数回、一号が適宜四号の席に分散して着席し、食事の作法を教えた。例えば、食器は左手に持って口に運ぶな。出来るだけ左手を使わず右手だけで食べよ。食器に口を近づけるな、などなどである。言いかえれば、食事もまた躾《しつけ》なのである。

夕食が終わると前半の自習時間は一八時三〇分から一九時四五分までである。この日は伍長から差し当たって必要な事項——校長、教頭兼監事長、生徒隊監事、部監事、分隊監事、教官等の官等および氏名、諸規則、日課等について説明を受けた。上級生は○○生徒、ただし一号の先任は伍長、次席は伍長補、同期生同士は貴様、俺と呼ぶことを教えられるのも、このときである。

一九時四五分から二〇時までは、中休みである。この時間は、練兵場に出て号令演習をすることになっていた。

姓名申告

通常、自習時間の後半は二〇時に始まり、二〇時五五分で終わる。しかし、入校当日は、兵学校生徒であった者は誰でも一生忘れることが出来ない姓名申告という通過儀礼の洗礼を受けることになる。姓名申告は時代と共に変貌《へんぼう》したようであるが、六〇期代も半ばを過ぎると、期によっては相当猛烈果敢にやったらしい。

酒巻たち四号が自席についてホッとしたとき、伍長が「四号総員、前に出て並べ！」と命じた。何事かと訝《いぶか》った途端、一号の誰かが、「ボヤボヤするな！　早く前に出て、こちらを向いて並ぶのだ！」と怒鳴った。どぎまぎしながら、四号総員が最前列のデスクの前にあるスペースで、着席している一号を始めとする上級生の方を向いて、席次順に一列横隊に整列した。すると、一号は席を離れて、適宜、前に出て四号に近づいて来た。

「ただいまから、一号、二号、三号生徒と、貴様たち四号との初対面の自己紹介を行う。最初に一号生徒、続いて二号、三号生徒の順でやって戴く。よーく聞いて置け。では、俺から始める！」

伍長はそういって一呼吸置き、「図書係、柔道係、〇〇〇〇」と破れ鐘のような大声で申告した。続いて伍長補が「通信係、被服月渡品《げつとひん》係、△△△△」と申告。それから一号が次々と大声で、凄みを効かせて申告を終えた。

海軍式の語尾上がりの語調、初めて聞く単語の混じった申告を号令演習でもやるような調子で、次々と大声で早口にまくし立てられては、聞く方は頭の中が混乱して理解できない。

一号が終わると、二号が着席したままで係補佐名と姓名を、続いて三号が姓名を手慣れた要領で申告した。

それが終わるのを待っていたかのように、伍長が「では四号。これから貴様たちに申告してもらう。いいか。出身学校と姓名をいえ」と命じた。

四号の先任□□が大声で、「○○県立○○中学、□□□□！」と申告したところ、一号から「声がちぃさーぃ！」「聞こえん！」「やり直せ！」「兵学校は天下の荒道場！」などと怒号が次々に飛び交った。

デスクの蓋をガタガタ鳴らしたり、床をドンドン踏み鳴らしたり、軍刀の鐺《こじり》で床を叩いたりして四号の度肝を抜く。次々と前の者が何度もやり直しをさせられて、いよいよ酒巻の番になった。

「徳島県立脇町中学、酒巻和男！」

どんなに大声で申告しても、一度でパスすることはない。パスするまでに数回、やり直しをさせられた。

「よーし。姓名申告終わり。四号は席に戻れ」と伍長にいわれて酒巻たちはホッとして自席に着席したが、全身にびっしょりと汗をかいていた。恐らく、誰も数回やり直し、汗びっしょりになっていたのではないだろうか。

前述のとおり、姓名申告は時代と期によって、かなりやり方が違っていたようである。しかし、その目的は、昨日までは中学生で親や周囲に甘えて来た新入生の娑婆気を抜いて、早く自主自立させるための通過儀礼として位置づけられて来たのであろう。

余談であるが、現代の若者の様々な社会問題は、通過儀礼の欠如によると主張する精神科医もいるそうである。

五省《ごせい》

二〇時五五分。伍長が「自習止メ。要具収メ」を命じると、各自はデスク上の教科書、ノート、学用品を中にしまい、姿勢を正して目を閉じ、一号の当番生徒が聖訓五ヵ条（軍人勅諭）、続いて五省を暗唱するのを聞きながら、その日一日を反省、自戒した。

一、至誠に悖《もと》るなかりしか。
一、言行に恥ずるなかりしか。
一、気力に欠くるなかりしか。
一、努力に恨《うら》みなかりしか。
一、不精に亘《わた》るなかりしか。

五省は昭和七（一九三二）年、当時の松下元校長（三二期）が、生徒各自の言動を反省自戒させ、明日への修養に備えさせるために始めたもので、現在でも海上自衛隊に踏襲《とうしゅう》され、江田島の幹部候補生学校や第一術科学校で行なわれていると聞く。

起床動作

自習が終わると、伍長が「四号は厠《かわや》に行って、急いで寝室に上がれ」と命じた。入校当日の日課は、まだ終わっていない。階段は教えられたとおり二段ずつ駆け上がって、寝室へと急いだ。

寝室では一号の▽▽生徒が待ち構えていて、四号が揃うと、「今から起床動作の練習を行なう。四号総員が三分を切るまでやる。最初は二号生徒に模範を見せて戴く。よーく見ておけ。では二号、用意。寝ろ！」

二号総員は、ベッドの脚側に畳んで置いてある毛布の上の枕と寝巻を頭側に投げ、毛布を広げた。次に靴を脱いで揃えて草履に履き替え、靴下をベッドの桟《さん》に掛けた。それから事業服の上下と下着を脱いで、キチンと畳んでチェストの上に置き、その上にあるフックに帽子を掛けた。褌《ふんどし》ひとつの上に寝巻を着て毛布の下に入り、身体を左右に回転させて毛布を巻き付けた。終わった者から姓名申告し、三分以内であった。

▽▽生徒が「よーし。今度は起床動作をやる。二号、用意。起きろ！」二号は跳び

起きてベッドの傍に立ち、寝巻を脱いで畳み、下着と事業服を着て靴下、靴を履き、広げてあった毛布を折り畳んでベッドの脚側に置いて、その上に寝巻と枕を乗せた。最後に帽子を右手に持って、不動の姿勢で姓名申告をした。

「ただいま二分三〇秒。四号、二号生徒の毛布を見ろ。包丁で切ったように綺麗だろう。貴様たちもこのようにやるのだ」「では四号、用意。寝ろ！」寝ると、今度は「起きろ！」である。かくして、自習時間が終わって巡検用意までの時間は、入校当日の夜から一ヵ月の入校教育期間中、起床動作の練習が行なわれた。

毛布の畳み方が悪いと、起床後に巡回して来た週番生徒が、江田島地震と称して毛布を引っくり返して行く。ただでさえ時間がないのに、泣きの涙で、綺麗に畳み直すことになる。

兵学校最初の夜に

分隊総員がベッドに入って間もない二一時三〇分、哀調を帯びた巡検ラッパの調べがゆっくりと遠くで聞こえると、酒巻たち四号は、西も東も分らぬ生徒館で一号に追いまくられた長い長い一日からようやく解放された。そしてホッと一息つき、「聞いて極楽、見て地獄。何故、憧れて兵学校を志願したのか」と思ったのではないだろうか。

当直下士官が「巡検」といいながら、当直監事と週番生徒一行を先導してきた。彼らは静かに寝室を通り過ぎて行った。「巡検終わり」という当直下士官の声が聞こえた。それを合図に週番生徒が消灯した。電灯の消された寝室は暗闇になるが、目が慣れると室内の物体のシルエットが見えてきた。すると、暗闇の中から伍長補が四号に話しかけた。

「四号。そのままで聞け。姓名申告には驚いたかも知れないが、俺たちも、二号、三号生徒も、皆が体験したことなのだ。この国家存亡の秋《とき》、海軍兵学校六八期生として入校して来た貴様たちの責任は重い。貴様たちは一日も早く一人前の海軍士官として戦力になって国家の負託《ふたく》に応えねばならぬ」

伍長補の言葉に、誰もが聞き入っているのが感じられた。

「だから、俺たちは貴様たちを鍛え上げる責任の一端を担《にな》っているのだ。分るか」

「四号よ、分るな。……よし。では、今日のことはすべて忘れて、ぐっすり寝ろ。明日は明日の風が吹く」

一号生徒の真意が分かり、酒巻は目頭が熱くなるのを覚えた。

入校教育

入校教育は、兵学校の生徒生活を乗り切っていくために必要な体力、精神力、躾、知識を叩き込めるように計画された入校直後の教育期間で、兵学校が四年制のときは一ヵ月であった。

その内容は、期によって若干の変動があったが、六八期の場合は英語、数学などの普通学も含み、主として午前中が陸戦《りくせん》（中学でいう教練）、午後が短艇《たんてい》教練であった。後年の期と違って体操がないのは、堀内豊秋少佐によるデンマーク体操を基にした新しい「海軍体操教範」が未だ発布されていなかったからであろう。

総員起こし・洗面・日課手入れ・朝食

四月一日から夏期日課になる。総員起こしは五時三〇分であるが、そこは海軍。五時二五分になると寝室のスピーカーに電源が入った「ブー」という音が聞こえ、次いで「総員起こし五分前」が放送された。酒巻は頭の中で昨日練習した起床動作をやってみる。

五時三〇分、起床ラッパのラスト・サウンドで修羅場が始まった。昨夜の練習どおりに跳び起きて毛布を畳み、身支度を整えようとするが、なかなか思う様にはできない。「だらだらするな！」「急げ！」と一号に怒鳴られながら、どうにか毛布を折り畳んで身支度を整え、洗面所に向かって一目散に走る。水道の水を出しっぱなしにして顔を洗い、歯を磨くのが水の使用量が一番少ないとのことである。

後は五時四五分の日課手入れ（室内掃除など）までに冷水摩擦、用便を済ませる。

六時二〇分から五〇分までは朝の自習時間である。幼少時代、家事手伝いできりきり舞いするくらい仕事をすることに慣れていた酒巻にとっては、小刻みな短時間を有効に使うことが出来たのではないだろうか。

七時から朝食である。パン半斤《はんきん》と、白砂糖若干に味噌汁が定番である。同じ半斤のパンでも、端っこは、その大きさ、重さが若干優るので、アーマー（軍艦の装甲から）と称して食い出があるとか。腹の減る四号の垂涎《すいぜん》の的である。

定時点検・課業整列

七時四五分、練兵場に整列して定時点検を行なう。このとき靴、特に踵《かかと》をよく磨いて置かないと、一号の雷が落ちた。

七時五〇分、定時点検のラッパが鳴り響くと、各分隊の伍長は分隊員を整列させて人数を確認後、各部週番生徒に「第〇〇分隊！」と報告する。各部週番生徒は、生徒隊週番生徒に「第○部！」、生徒隊週番生徒は当直監事に「生徒隊！」と次々に報告する。

ここで、生徒隊監事が正面号令台上に上がり、生徒隊週番生徒が「頭《カシラ》、左！」と号令をかけると、生徒は一斉に注目の敬礼をする。「直《ナオ》レ！」があってから、各分隊監事は整列した分隊員の前をゆっくりと歩きながら、一人一人の健康状態や服装を見て、適宜質問や注意をする。目の窓を通して心の奥底まで見透かされそうで、緊張するときである。分隊監事といっても二十歳代である。しかし、生徒にとって教官は、みんな神様の次くらいに偉《えら》く見えた。

点検が終わると「掛レ！」のラッパが鳴り、各分隊は解散して各期とも教班別に整列する。八時五分、「課業整列」のラッパが鳴り、続いて「行進」ラッパの軽快なリズムに乗って、一号、二号、三号、四号の教班順に、生徒隊監事、期指導官などに見送られながら講堂に向かう。このとき各学年で歩き方、手の振り方、ベグ（帆布《はんぷ》製の鞄）の抱え方が違い、遠方からでも直ぐに見分けられた。

課業

前述の通り、入校教育中は英語、数学を除き学術教育はなく、午前中は八時一〇分から一二時まで、午後は一三時に課業整列、一三時一〇分から一四時、一四時一〇分から一五時二〇分、一五時三〇分から一六時二〇分に分けて精神教育、陸戦、短艇など、特訓で叩き込む分刻みの日課が準備されていた。

陸戦

陸戦は、「気ヲ付ケ」「休メ」「右向ケ、右」「前へ、進メ」などの基本動作から始まるが、中学時代に配属将校に教わった教練と大差がない。

しかし、敬礼は全く違っていた。狭い艦内を想定しているため、肘《ひじ》は前に出して横に張らない。四五度である。生徒館のあちこちには姿見が置いてあり、その前に立ち止まって服装を直したり、敬礼の形をチェックしたりするようになっていた。

海軍に入って、陸戦と名前は変わっても陸軍と同じ教練である。筆者同様、酒巻たちもいささか抵抗を感じたのではないだろうか。しかし、軍人精神の涵養《かんよう》には陸戦が一番などといわれては、無下に馬鹿にもできない。海軍の教育手順に「日に見せて、耳に聞かせて、させてみて、褒めてやらねば、誰もやるまい」という詠み人知らずの短歌があるが、教官が説明し、教員が模範を示して、酒巻たちが実際に繰り返して演練した。

このとき教員は三人称を使った。前述の通り、彼らの身分は下士官で生徒の下になる。従って生徒には命令できない。そこで、「酒巻生徒、手を挙げろ」と命令する代わり「酒巻生徒、手を挙げる」といったものである。そして最後に「さすが、生徒は飲み込みが早い」などと一言褒めて演練は終わった。

そのうちに執銃訓練も始まった。菊の御紋章が刻印された三八式歩兵銃は、単に小銃といった。小銃も基本的には艦砲と同じ機構なので、その部品名についても海軍独自の名称が使われていた。たとえば、銃弾を込め、銃尾を閉じて固定する機構を中学（陸軍）では槓桿《こうかん》と教わったが、海軍では尾栓《びせん》と称した。所変われば品変わるとは、正にこのことだろうか。

短艇（カッター）

その形は海水浴場などで見かけるボートに似ているが、長さに比べて幅が広く、カッターといった。木製、長さ九メートル、幅二・四メートル、重さ一・五トン。これを長さ約四・五メートル直径七六ミリ、握り手の近くにはバランスを取るために直径三八ミリの鉛を四個埋め込んだ重さ一〇キロの櫂《かい》一二本で漕ぐ。艇指揮（指揮官）と艇長（舵取り）を含めた定員一四名、最大積載人員四五名という代物である。

漕ぎ手の艇座は、右舷が一番から一一番までの奇数、左舷が二番から一二番までの偶数である。漕ぎ手は艇の後方を向いて、お尻をそれぞれの艇座の端にちょっと乗せる程度に腰掛ける。

「櫂備え！」の号令で櫂座《かいざ》（櫂が収まるように舷側が丸く切り取ってある部分）から櫂座栓《せん》（櫂を使わないときに櫂座に嵌《は》めておく部分）を抜いて櫂を櫂座に入れ、両足を前の艇座にかけて身体を前後に倒せるような姿勢を取る。

「櫂用意！」の号令で、身体を前に倒しながら両腕を前方に力一杯突き出す。そして「前へ！」の号令で、櫂の水かき（平たくなった部分）で海水を捉え、両腕を伸ばしたまま櫂に体重をかけるようにして身体を後方に倒し、最後に両腕を胸の方に引き寄せる。櫂が水面から出るのとほぼ同時に身体を起して前に傾けながら両手を突きだして櫂を戻し、水かきを水面に入れる。この動作を繰り返す。

通常のピッチは、毎分三二〜三三枚である。教員がこれらの諸動作の模範を示し、文字通り手取り足取りして教えてくれる。

手を豆だらけにし、息をしただけでも腹の皮が痛くなり、お尻の皮が剥げてストッパー（褌《ふんどし》）を汚したという辛い思い出はあるが、カッターほど団結力を養う上で良い訓練はない。艇指揮と艇長の腕前の優劣は、漕ぎ手の努力を活かしたり、無駄にしたりする。クルーが一致団結、協調し、チームにおける自分自身の役割と責任の重大さをハッキリと自覚する。この過酷な共有体験が、各期の強い連帯感の下地になるのではないだろうか。

バス（Bath、浴場、入浴）

一六時三〇分に課業が終わり、一七時三〇分までの間が入浴時間である。浴場には大浴槽と小浴槽がある。前者は二号、三号、四号用で、大人数のために込み合っている。また、游泳不能者の訓練にも使われるので、背が立たなくなるほど深い。後者は、自習室の後方のドアと同様一号専用で、下級生は間違っても小浴槽を使うことは許されなかった。

事業服と下着をキチンと畳んで重ねて衣類棚に入れ、その上に帽子を置き、手ぬぐいを持って浴場に入る。手拭いで前を隠すこと、手拭いを浴槽に浸けることはご法度で、畳んで浴槽の縁に置く。団体生活をしていると、当然のことながら水虫罹患率が高くなる。職業病といえるかもしれない。これといった特効薬もなく、「水虫は海軍中将になるまでは治らない」という奇妙な伝説もあったらしい。

この後は、夕食、自習時間、五省、寝室で起床動作の練習があり、巡検で一日が終わる日が入校教育の期間中続く。

隊務

兵学校の日課は分刻みの過密スケジュールで、この合間を縫って訓練や生徒館の共同生活に必要な隊務を消化しなければならない。それ故、四号の忙しさは筆舌に尽くし難い。入校教育が終わった頃、これらの隊務を三号から引き継ぐことになる。

隊務は主として昼食後にこなしたので、四号は食事が終わらなくても当直監事の「開ケ」があれば、直ちに席を立ってこまねずみの様に走り回るのを常とした。

ちなみに、隊務には郵便物の受け取り、未検閲の信書を分隊監事に届ける、洗濯場やバスに石鹸の補充、自習室の出入口にある洗面器の昇汞水《しょうこうすい》の取り換え、靴クリームの補充など、気づいた者がする自発的な隊務と、カッターの淦《あか》（船底に溜まった汚水）汲《く》みや室直《しっちょく》（室内掃除当番）のような輪番制の当番隊務があった。

兵学校川柳に曰く、「四号は、隊務、隊務でタイムなし」。

訓育・学術教育

入校教育が終わると、学術教育が始まる。兵学校の学術は周知のとおり普通学と軍事学で構成され、低学年の間は前者に重点が置かれるが、学年が進むにつれて、当然ながら軍事学の占める割合が増えて来る。兵学校教育の特色である訓育と学術教育の概要は、次の通りである。学術教育の程度は、旧制高等学校のそれと同程度といわれていた。

1. 訓育
（1）精神教育
（2）訓練（陸戦、短艇など）
（3）勤務（聖訓奉唱、五省自習、号令演習、礼法〈含テーブル・マナーなど〉）
（4）体育

2. 学術教育
（1）普通学
数学、理科、文学、外国語[注]
（2）軍事学
運用、航海、砲術、水雷、通信、航空、機関、乗艦実習

注：酒巻は、第二外国語教育では中国語を専攻している。アメリカ側が作成した彼の銘々票《めいめいひょう》（捕虜個人記録）の話せる言語欄には、日本語と若干の中国語と書かれている。

その他の年中行事

日常の日課の他に、年中行事として二月は厳冬訓練とその間の短艇撓漕《とうそう》と遠漕、三月は期末考査（試験）、四月は銃剣術試合と体育競技、五月は小銃射撃競技、六月は拳銃射撃競技と柔剣道試合、七月は酷暑訓練、その間の水泳競技と八浬の遠泳、八月は幕営（キャンプ）と夏季休暇、九月は柔剣道試合と相撲競技、一〇月は弥山《みせん》（宮島の最高峰。五二九メートル）登山競技と野外演習、一一月は体育競技と期末考査、一二月に年末年始休暇があって、一年が終わった。

このようにしていつの間にか「送り迎へん四つの年」（「江田島健児の歌」三番）が過ぎ去り、卒業して海軍少尉候補生というのが実態であった。

六五期の卒業（六八期三号に進級）

酒巻たちが入校してから一年経った昭和一三（一九三八）年三月一六日、六五期一八七名はめでたく兵学校を卒業。海軍少尉候補生の金筋一本の襟章を付け、抱き茗荷の徽章《きしょう》の付いた軍帽を被って校長、教頭兼監事長、監事、教官、教員、在校生、家族などに見送られ、軍楽隊の演奏する「軍艦行進曲」そして「オールド・ラング・サイン」(Auld Lang Syne)注の調べの中を表桟橋から機動艇に乗り、沖合の練習艦隊司令官・高須四郎少将(三五期)が座乗する旗艦「八雲」注と二番艦「磐手」注に分乗。数日後、機関科と主計科の候補生が、それぞれ舞鶴と宮津から乗艦し、練習艦隊の陣容が整った。同艦隊の寄港先は東南アジアと南洋諸島である。

注：オールド・ラング・サイン――このスコットランド民謡を兵学校では「蛍の光」といわず、「別れのうた」といった。戦時中、外国の歌の歌唱や演奏は禁止されていたが、兵学校では卒業式に軍楽隊が「別れのうた」を演奏して卒業生を見送る慣習を昭和一九年三月に卒業した七三期まで続けたと聞く。

別れのうた

一　今日は手を取り語れども　明日は雲井のよその空
　　行くもかえるも国の為　勇み進みて行けよ君
二　名残盡きねどすこやかに　御稜威《みいつ》かしこみ戴きて
　　八重の潮路も安らけく　重き務めを盡せかし
三　残る煙の絶えだえに　消え行く山の影薄く
　　仰ぎなれたる古鷹も　別れを空に送るらん

「八雲」――ドイツのシュテッティン・ヴァルカン造船所で建造、一九〇〇（明治三三）年六月二〇日に領収の装甲巡洋艦。日露戦争、第一次世界大戦で活躍、大正から昭和にかけて練習艦隊を編成し、少尉候補生の遠洋航海に従事した。

「磐手」――装甲巡洋艦「出雲」の二番艦。一九〇一（明治三四）年三月一八日、英国アームストロング社にて竣工、日露戦争で活躍、一九一六（大正五）年より練習艦隊参加艦として遠洋航海に従事、多くの少尉候補生を育てた。私事であるが、筆者たち七七期（岩国分校）も昭和二〇年五月、本艦で乗艦実習を行なった。居住区が狭くて窮屈と感じた記憶はない。

酒巻たち四号も三号に進級し、分隊の編成替えで酒巻は第一九分隊に移動した。恐らく完成した新しい三階の西生徒館に移ったことであろう。移動は引越と同じである。各自がシーツで毛布、衣類、図書等を三～四個の梱包《こんぽう》に荷造りして、新分隊の寝室や自習室に運んだ。

六九期入校

四月一日、六九期が入校した。彼らを見ながら、酒巻たちは一年前の往時を回想し、そして現在の自分たちと見比べ、改めて上級生の教育・指導に感謝した。

兵学校の対番《たいばん》制度は、どちらかといえば非公式なもので、生徒心得の中にはないが、対番（各期の席次の同じ者同士。例えば伍長の場合、二号、三号、四号の先任）の上級生は、特に対番の下級生の私的な面倒をみるのが慣習になっていた。今までは上級生ばかりだったのが、初めて下級生が入校して弟分ができ、特に年下の兄弟の多い酒巻は嬉しかったのではないだろうか。

四月末、六九期の入校教育が終わった頃、酒巻たちは隊務を六九期に申し送った。これで三号になった酒巻たちは、隊務に煩《わずら》わされることのない生徒館生活を送れるようになった。

河野章氏（六八期。五二一空分隊長「銀河」操縦員）は、その著書『追憶無限』（私家版）の中で、「自分たちの下に下級生ができたという喜びで胸が一杯だった。下級生ができて楽になったことをよく家に便りしたものだ。また新一号の六六期が四号に甘いのがシャクでたまらなかった」と書いておられる。

毎日の日課は予定通りに進んだ。短艇は撓漕が終わって帆走《はんそう》が始まり、カッターにマストを立て、大帆と前帆を使った。順風（追い風）を受けて観音開き（大帆と前帆を左右に開く）で水面を滑る様に走るときは、約六ノット（一一キロ／時）の速度が出た。

しかし、順風よりも向い風とか斜め前から風を受ける場合の方が多い。このときは、風を右舷からと左舷からと交互に受けて、いわゆる間切って（タッキング）進むことになる。間切って進むには、艇長（舵取り）と前帆と大帆の動索（ランニング・リギング：固定してない索）を扱う二人の呼吸がぴったりと合わなければ、上手く間切れなかった。

六六期の繰り上げ卒業（六八期二号へ進級）

前年の七月七日夜、北京郊外の盧溝橋における日中間の偶発事件は、当初、北支事変といわれたように日本政府は局地解決を望んだが、紛争の拡大論者が政府、軍部、メディアをリードして、戦火は瞬く間に中国全土に拡がり、国際情勢は緊迫して来た。このため、六六期二一九名の卒業は半年早まって卒業式は九月二七日に行なわれた。同じ年の三月と九月に二期（クラス）が卒業したのである。

遠洋航海には前回同様、練習艦隊の旗艦「八雲」と「磐手」が参加し、数日後に機関科と主計科の候補生が乗艦して練習艦隊の陣容が整った。司令官は谷本馬太郎少将（三五期）で、寄港地は、これも前回同様、東南アジアと南洋諸島であった。

かくして酒巻たちは半年にして二号になり、またもや分隊の編成替えがあった。今度は第五分隊である。六六期の卒業後、七〇期が四ヵ月繰り上げで一二月一日に入校するまでの二ヵ月間は、六七期の一号、六八期の二号と六九期の三号の三期体制であった。酒巻たちは二号に進級してから、何らかの係補佐に任命されたはずである。

六七期卒業、戦前最後のハワイ遠洋航海へ

昭和一四年七月二五日、六七期二四八名が三年三ヵ月の短縮修業期間を終えて卒業した。遠洋航海には前回同様、練習艦隊の旗艦「八雲」と「磐手」が参加し、数日後に機関科と主計科の候補生も乗艦した。司令官は澤本頼雄少将（三六期）で、寄港地はハワイと南洋諸島であった。戦前の練習艦隊のハワイ訪問は六七期が最後になったので、若干横道に逸れるが、その様子に触れてみたい。

練習艦隊は一〇月四日横須賀を出港、一路ハワイに向かった。一〇月一三日日付変更線を通過、一〇月一八日オアフ島のホノルル港に到着した。日米間の緊張が高まっていたときなので、アメリカ海軍の応接は最小限の公式行事のみであったという。その代わりにというわけでもあるまいが、到着直後、領事館がバック・ヤードで立食パーティを開いた写真がある。見ると、候補生だけで固まっていたり、腕組みしたりしている者が写っている。英語が話せないので必然的にそうなったのであろうか。残念

ながら、社交性がないように見える。

　在留邦人の熱狂的な歓迎が候補生たち訪問者の心を打った。自由行動ができるようになると、個人宅に招かれて下にも置かない歓待を受けた候補生もいる。おそらく、県人会の関係ではないだろうか。

　一〇月二〇日は島巡りに出かけている。ヌアヌパリ（ワイキキからオアフ島の東海岸に向かう途中にある古戦場）の切り立った三百数十メートルの崖からカネオエ（当時は米海軍、現在は海兵隊の航空基地がある）方面からカイルア（この地名は第五章に関係あり）方面に広がる海と山の絶景が見える。

　オアフ島の観光を終えた候補生は、一〇月二三日にホノルル港を発ってハワイ諸島の中で最大のハワイ島東岸にあるヒロに移動した。このとき、真珠湾の出口に午前三時頃艦を停め、指導官から「お前たちの内数名は数年ならずして、またこの灯を見るだろうから、よくスケッチしておけ」といわれて湾口の沖三浬から真珠湾をスケッチした候補生がいたという。その内の一人が、後日酒巻艇を真珠口まで運んだ「伊二四」の砲術長・山本康久中尉（当時）である。

　開戦二年前、海軍部内のどこにも未だ真珠湾攻撃の話はなかったはずである。この指導官は、どうしてこのようなことをいったのであろうかと思ったが、遠くは排日移民法（正確には「一九二四年移民法」）の制定、ごく近くは日米通商航海条約の破棄通告（一九三九年七月二六日）などで、日米両国間の緊張は、いやが上にも高まって、近い将来、いつ戦争があってもおかしくはないと思われるほどであったのだろう。

ヒロには翌二四日に到着した。日本海軍の艦艇の訪問は一〇年振りというので、港内の漁船が星条旗、日章旗と軍艦旗を掲げて歓迎した。一〇月二六日、最後の行事であるキラウエア火山国立公園を見学。ヒロでもアト・ホームが行なわれた。

練習艦隊はハワイにおける一〇日間の予定行事をすべて終え、一〇月二八日、「アロハオエ」の調べに送られ、ヤルート島に向かった。一一月八日ヤルート着。三日間滞在し、横須賀に帰着したのは年の瀬も押し詰まった一二月二〇日であった。

余談になるが、アメリカ本土とハワイとの交通は船便が唯一の手段であった昔、船がダイアモンド・ヘッドを過ぎたところで船客が海にレイ（首に掛ける花輪）を投げ、そのレイが岸に戻って来たら、その人はハワイに戻って来ることができるという言い伝えがあった。何名の候補生が海に投げたレイが岸に戻ったかは分らないが、二年後の一二月七日の開戦当日、先遣部隊（第一～三潜水部隊・特別攻撃隊）の山本康久、古野繁實、横山正治中尉の外、同部隊や第一航空艦隊所属の六七期生約二〇名（航空機搭乗員を除く。訓練中だったと思われる）がハワイ作戦に参加している。

昭和13年、三号に進級した68期生。前列左から2人目が酒巻〔提供：酒巻潔氏〕

脇町中学校の同級生香田直人（右）、藤井芳清の両君が江田島に来訪した折の写真〔提供：酒巻潔氏〕

68期はわずか半年で二号生徒（第3学年）に進級した。二号生徒時代の酒巻〔提供：酒巻潔氏〕

兵学校でのカッター訓練。12名の漕ぎ手と艇指揮、艇長（舵取り）が一致団結するのが肝要

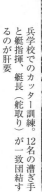

第三章　兵学校の一号生徒

六八期一号に進級

話を戻す。六七期が江田島を去った後、分隊の編成替えが行なわれたと思ったが、酒巻は引き続き第五分隊に所属している。他の数名の生徒についても調べてみたが、やはり二号時代と同分隊である。ということは、何らかの理由により、この度は分隊替えが行なわれなかったことを意味する。

特筆すべきことは新入生七一期の人数である。六九期は六八期から約五〇名増えて三五〇名。七〇期はそれから九〇名増えて四四〇名。七一期はそれから一挙に一六〇名増えて六〇〇名、すなわち三年の間に六八期の二倍になったということである。

またまた余談であるが、一日の日課も終わり、就寝前の寝巻に着替えてベッドの上で巡検を待つ間の寛《くつろ》いだとき、六八期のある生徒は、「俺はクラスのベッキ（「どん尻」）で卒業するが、貴様らのクラスなら丁度半分の成績だ」と冗談を飛ばしていたそうである。

例年であれば生徒の採用予定人数は官報で告示されるのであるが、七一期のときは「前年度より増加する見込み」とされ、具体的な人数は示されなかった。これには重大な意味があった。海軍には伝統的に兵学校卒業者は、特別の事情がない限り、海軍大佐まで進級させるという基本方針があったので、採用人数は必然的に海軍が企図している軍備の規模を示すことになる。

昭和一四年四月一日、日本海軍はアメリカ海軍のヴィンソン建艦案に対して第四次軍備計画（いわゆる「㊃計画」）を発足させた。この計画で建造される艦艇五四隻（戦艦二、巡洋艦五、駆逐艦二二、潜水艦二五）と航空隊七五隊の基幹要員として三〇〇名の兵学校生徒の増員が計画され、七一期生六〇一名がその年の一二月一日、江田島の土を踏んだのである。当時の各期の生徒の概数は、次の通りである。

六八期：一号生徒×三〇〇名
六九期：二号生徒×三五〇名
七〇期：三号生徒×四四〇名

七一期：四号生徒×六〇〇名

生徒隊　一六九〇名

生徒数の増加に伴い、各期を三六分隊に分け、一号×八名、二号×一〇名、三号×一二名、四号×一六～一七名の約四七名で一個分隊を、更に六個分隊を以て一部、計六部を編成した。

兵学校の生徒にはなりたい地位が三つあった。それは、(一) GF（連合艦隊）司令長官、(二) 軍艦の艦長、(三) 兵学校の一号生徒である。今でも思い出すが、筆者たちが入校して数日後、三号（昭和二〇年当時は三年制）だけになったとき、誰かが「早く一号になりたいなぁ」といったところ、別の誰かが「バカ。まだ三日しか経っていないぞ」と応えたので、総員が苦笑したことがあった。しかし、口にするか否かは別として、筆者を含め、「一日も早く一号になりたい」それが三号総員の偽らざるホンネであったと思う。

お嬢さんクラスと土方クラス

いよいよ待望の一号生徒である。各自がそれぞれの係に任命された。ちなみに、係には次のような担当があった。係の数から、一号は二つの係を兼務したことになる。

図書（機密図書の管理、伍長）、短艇（カッターの保守点検、撓漕、帆走の指導、総短艇、宮島遠漕時などの艇長、艇指揮）、小銃（小銃の管理）、通信、被服月渡品（洗濯物、石鹸、靴墨等消耗品の受領。実務は二号の係補佐と四号が行なう）、柔道、剣道、銃剣術、体操体技、相撲、游泳、酒保養浩館、応急要具、電気、軍歌、構築、衛生など。

残念ながら、ここでも酒巻に関する個人情報はない。彼が何係になったか、対番の二号、三号、四号は誰々であったかなどは分らない。しかし、酒巻は弟たちと同年配の下級生を持って喜び、そして、厳しい中にも愛情を注いだ指導をしたのではないだろうか。

では、六八期は、どのように新入生の七一期を育てたのか。新入生の四号のとき、最上級生の一号に散々修正（殴ること）されて育った期は、やがて彼らが一号になると、四号を修正して硬派に育てる傾向がある。この四号を修正して育てている一号のやり方を傍で見て、内心では批判的だった二号は、彼らが一号になると新入生の四号を修正しないで育てる傾向があり、前者の硬派クラスと後者の大人しいクラスが、交互に誕生するといわれていた。

前述の通り、六八期が三号のとき、新一号六六期の新入生六九期に対するやり方を見て、甘いと不満を漏らしている。取りも直さず、それは六五期が「修正する」硬派クラスだったことである。事実、六八期が七一期を硬派に育て、その七一期が兵学校の歴史で最も獰猛《ねいもう》（この方が感じが出るので、兵学校では意図的に「誤読」した）だったといわれる七三期を育てている。その七三期に育てられた七五期が筆者たちの一号なので、我々七七期は硬派クラスの後裔《こうえい》になる。大人しいクラスはお嬢さんクラス、硬派クラスは土方《どかた》クラスと呼ばれていた。

生徒生活――卒業式までの日々

昭和一五年は皇紀二六〇〇年である。ラジオの放送は年初の橿原神宮の初詣《はつもうで》中継で始まった。兵学校生徒として最後の休暇中であった酒巻もこの放送を徳島の実家で家族と一緒に聞いたことであろう。支那事変は三年目に入るも解決のめどなく泥沼に入り、戦時下の国民生活は厳しさを増していた。

酒巻たち六八期は年末年始休暇を終えて帰校し、第一学期の残りと第二学期を終えて八月七日に繰り上げ卒業、航海実習に出かけた。その詳細については、河野氏の前掲書と別著『生かされて』（私家版）の中で克明に記録しておられるので、それを参考にしながら、六八期の歩んだ道を再現してみたい。

二月に入ると、卒業を控えて各種の実習訓練も目白押しで、江田島を離れることが多くなっている。

◇一月

七日：生徒時代最後の休暇が終わり帰校。明日から訓練・学術に追われて寧日《ねいじつ》なし。

八日：始業式。校長が「軍人勅諭」を奉読し、始業に当たって訓示、躬行実践《きゅうこうじっせん》を強調される。一三時三〇分より生徒総員の観兵式挙行。軍楽隊が演奏する「軍艦行進曲」の調べに合わせた分列行進は勇壮無比、血沸き肉躍る。その後、生徒隊監事から厳冬訓練開始に当たっての訓示があり、式典修了。

1．自律的になせ。「やらせられる」と考うる者には進歩なし。

2．精神的鍛錬に重点を置く。

3．出発点を正しく順序を経て向上していくこと。

4．達人は乱れず、如何なる場合に遭遇するも平静を失わず。

九日～二七日（二〇日間）：厳冬訓練（撓漕・銃剣術）始まる。遮蔽物なき海上の寒さ、殊の外厳し。

一九日：観艇式（校長が兵学校所属の機動艇や短艇を観閲する儀式）立付《たてつけ》（予行）あり。

二〇日：一四時三〇分より観艇式挙行。威風堂々。校長の表桟橋到着がちょうど一四時三〇分。大いに見習うべし。内火艇注操縦の勘、容易に得難し。
二五日：精神科学の教務全部終わる。水雷艇指揮の検定あり。
二六日：武道競技あり。
二七日：厳冬訓練終了。
三〇日～二月六日（一週間）：GFに派遣されて艦隊実習、並びに「阿多田」注での乗艦実習。一三時出港。
三一日：旗艦「長門」注でGF長官山本五十六中将に伺候。次の要旨の訓示あり。「艦隊はまだ猛訓練中ではない。ウォーミング・アップの時期であるが、この時期が最も大切。よく観察せよ」この後、九時「陸奥《むつ》」注に乗艦。艦長保科善四郎大佐に紹介、訓示、諸注意の後身辺整理、艦内旅行。午後、船体兵器施設一般、航海兵器施設、応急訓練。別科では日課、週課の説明。夜間は巡検随行。

注：内火艇――一七メートル内火艇（艦載水雷艇）は一五〇HPディーゼル主機搭載、一〇〇名乗り。七・七ミリ機銃×一丁、爆雷×四個を搭載して駆潜艇としても使用可。一五メートル内火艇は将官艇とも呼称、少将以上の上陸、帰艦に使用。一五〇HPガソリン主機搭載。四五名乗り。一一メートル内火艇は士官の上陸用。六〇HPガソリン主機搭載。六〇名乗り。いずれも速度は約一〇ノット。
「阿多田」――昭和六年六月一日、中華民国海軍艦「逸仙《いっせん》」（巡洋艦）として竣工。一二年九月二

五日、日本海軍第一二航空隊の空爆により南京付近で擱座、その後日本側が浮揚、呉に回航し、雑役船「阿多田」と命名、海軍兵学校所属。

「長門」――「長門」クラスの一番艦。世界初の四一センチ砲搭載艦として建造され、大正九〈一九二〇〉年の竣工時には世界最大、最速を誇った。太平洋戦争開戦当時GF長官山本五十六大将が座乗、昭和一七〈一九四二〉年二月、GF旗艦が「大和」に移るまで最も長期間にわたってGF旗艦を務め、日本海軍の象徴として国民に親しまれた。

「陸奥」――「長門」クラスの二番艦。諸元、兵装は「長門」を参照。戦争中は戦艦部隊の一員として温存されたが、昭和一八（一九四三）年六月、内海西部柱島の沖合で原因不明の爆発事故を起こし沈没。

◇二月

一日：午前、副直将校、甲板士官の勤務、午後、砲術、運用術の兵器施設訓練、夜は機関術を見学。夕食後、搭載飛行機の揚収法を見学。相当の危険を伴うことを知る。一八時三〇分から明日の総合訓練に関する研究会を傍聴。

二日：艦隊訓練のクライマックスである本日の作業は、天候不良のため対潜見張りを除いて全部取止め。夜は機関長の講話あり。機知に富み、話術巧み。

三日：午前、副直将校、甲板士官の勤務、午後、運用術、航空術、航海術、別科を見

学。夜の研究会で、現に学校で習っていることが直接艦船勤務に役立つことを知る。実のある一日となる。
四日：午前、勤務（短艇指揮）、午後、通信術、水雷術、別科を見学。夕食後、本艦のモットーである「斃而尚不已《たおれてなおやまず》」の精神について、約一時間艦長の訓育あり。夜は自由研究。巡検前後の艦内状況を見学。
五日：午前、二日に天候不良のため取り止めになった訓練を見学。午後、射撃研究会、水路（宿毛《すくも》湾）、飛行基地、航空術、別科を見学。夜は研究会。
六日：午前、短艇指揮実習。試験の後、退艦準備。指導官補佐の注意の後、艦長に挨拶。乗組員に見送られて「陸奥」を退艦。「阿多田」一四時出港。台風接近、荒天のため港口から引き返す。
七日：八時出港。ピッチング、ローリングがひどく、佐田岬を通過しても風波強し。最大揺れ二〇度。復元力三〇度の由。一〇時間の苦闘の後、一八時、長島（山口県上関）の南に着く。
八日：八時出港、一四時三〇分玖玻《くば》湾（広島県南西部、大竹市の一部）に入る。航海終始平穏。機関班に当たった生徒は、発電機員と罐部下士官の作業を実習。本艦の様な石炭専焼艦の下士官兵の苦労を理解。指導官から、懇々《こんこん》とサボらぬようにとのお達しあり。
九日：一〇日振りに生徒館に帰館。艦隊実習と「阿多田」乗艦実習を通じて、海軍の初級士官の生活、海上生活の外観だけは把握。
一〇日：四時起床。兎狩り。四ヵ所に網を張る。獲物は兎六匹と鳩一羽。
一一日：光輝ある紀元二六〇〇年の紀元節。三時三〇分起床。例年の如く古鷹山登山。遥拝式、御写真奉拝後校長の訓辞、総員の記念撮影。
一六日～二三日（八日間）：試験。課目は通信、航海、艦砲、水雷、機関、英語。卒業は八月七日と決定。
二四日：移動訓練作業にて松山に向かう。三津浜入港、四時間の行程。松山の郷土史と秋山真之海軍中将について講話あり。
二五日：八時出港。一二時江田内入港。試験が終わって最初の休日。
二六日～三月九日（二週間）：短艇・武道週間始まる。
四学年第二学期。
二七日：航海実習と初めての夜間機動艇訓練。
二八日：午後、短艇訓練。
◇三月

二日：総員訓練後、僅かな時間を割いて短艇有志訓練を実施。
四日：中山範士の「剣道より見た精神訓育」の講話あり。
七日：自選作業時に長岡範士の「講道館柔道」に関する講話あり。夕食後、親睦目的のクラス会。右近謙二生徒の漫談に教官始め総員抱腹絶倒、大いに楽しむ。
九日：短艇・武道週間の締め括りに宮島遠漕。江田内のブイから宮島の聖崎《ひじりさき》までの一〇浬を競漕。このときに限りダブルといって一本の櫂を二人で漕ぐ。宮島では一号総員で記念写真撮影。
一〇日～一六日（一週間）：航空実習。一六時三〇分、呉航空隊着。
一一日：雨天のため離着陸のみ。飛行時間五分、気流悪し。午前は飛行止め後、格納庫内で写真銃《ガン・カメラ》の説明あり。午後、九六式空二号無線電信機の基本調整と交信法、測風、決定針路の求め方の講義。夜は航法の自習。
一二日：快晴。機上作業の初めは通信。次は航法。風強く、乱気流あり。午後は水平爆撃の講義と実際。夜の自習では総員張り切る。
一三日：午前、写真銃の射撃、続いて通信。その後、航法練習。午後、航空機整備の説明と作業を見学。夜の自習は田所大尉の支那事変実戦談と水上機班指導官浅野大尉の談話。

一四日：午前、爆撃と写真銃の射撃。適切な雷撃射点に部下を誘導すべき指揮官の技量と責任は重大。午後、広航空廠にて航空機工場見学。夜は離着水と航法訓練を見学。
一五日：午前の飛行作業は爆撃のみ。午後、整備作業を見学。夜は飛行隊長の漫談と池田大尉から陸上機着陸法について説明あり。
一六日：航空実習最終日。呉軍港内の偵察と兵学校の写真撮影。一三時、司令の訓示の後、見送りを受けて退隊。
二六日：二回目の夜間機動艇訓練。
二八日：三回目の夜間機動艇訓練。期指導官安武中佐、一号に離任の挨拶をされる。
二九日：新期指導官の披露あり。
◇四月
一日：入校三周年。誰もが往時を思い出して感無量。
六日～一三日（八日間）：乗艦実習。今回の目的は実兵指揮。衛兵副司令、衛兵伍長、副直将校を勤務。
八日：関門トンネル見学。
九日：門司から萩（山口県北部、日本海に面した市）まで約六時間の行程。萩市に上陸。

吉田松陰の史跡を見学。
一〇日：萩発。関門海峡通過、杵築《きつき》湾（大分県）に入港。夜間の航行、位置決定、投錨等の夜間作業見学。
一一日：陸路竹田市（大分県南西部）に至り、広瀬神社に参拝、岡城址（中学唱歌「荒城の月」土井晩翠作詞、滝廉太郎で有名）を見学。
一二日：亀川港（別府市）を出港。午前中で実習の大半を終了。艦内における初級兵科将校の勤務内容、兵員の行動を理解。
一三日：乗艦実習を終了。
一五日：三〇年前の本日、阿多田島西方新湊沖にて佐久間艇長殉職。監事長阿部弘毅少将の訓話あり。
一六日：四回目の夜間機動艇訓練。
一七日：口頭試問あり。問題は割合に平易。
二七日：呉まで魚雷発射見学に出向く。
二九日：天長節（昭和天皇の誕生日。現・昭和の日）。午前、運動会。午後、外出。卒業まで余すところ一〇〇日となる。

陸戦演習

◇五月

一日～七日（一週間）：原村（東広島）にて陸戦演習。西条から北部廠舎までの警戒行軍で四号はへばった模様。尖兵《せんぺい》（軍隊の行動中、本隊の前方にあって警戒・偵察の任に当たる小部隊）は本隊よりも辛い。

二日～三日：昼夜間における防御陣地の防衛と、夜間における陣地攻撃を実施。陸戦において地形を知ることは絶対要件。

四日：雨天。爆破実験を見学。一五キロの地雷を使用。就寝後間もなく非常呼集。迅速、確実、静粛なること。原村での最後の宿泊。

五日：大隊の対抗演習（退却側）。黒瀬川付近で防御。列兵の疲労甚だし。海田市で警備訓練。更に乗船地点の矢野まで行く。二二時頃矢野発。

六日：〇時二〇分江田内に入り、三時まで仮泊。観兵式は威風堂々見事なり。午後休養。

七日：原村演習を終了。

八日：五回目の夜間機動艇訓練。

一〇日：機関の平常試験あり。

一九日：練習艦隊の「香取」[注]は完成し佐世保に在泊中。「鹿島」[注]は六月一日竣工予定。六五期六名ガン・ルーム（士官次室。初級士官と候補生の居室）に入るとのこと。
二〇日：刑法との関連で、人事に関する分隊士の事務が極めて煩雑《はんざつ》であること、衛生学では我が国における結核の猖獗《しょうけつ》を知る。
二一日：初めての夜間生地《せいち》（知らない場所のこと）機動艇訓練を呉港にて実施。艦隊出港のため港内極めて閑散。江田内と変わらず。
二三日：大竹（広島県南西部）の潜水学校に水中測的兵器の教務に出向く。
二六日：兵学校生活最後の海軍記念日作業（総船艇の復旧）を終了。
二七日：第三五回海軍記念日。記念式、銘碑礼拝、会食。
二八日：潜水艦実習。
◇六月
一日：通信兵器の試験あり。
三日：二回目の夜間生地機動艇訓練。
四日：小銃、拳銃の実弾射撃あり。
一六日：大講堂の御物《ぎょぶつ》（宮内省〈当時〉にある御物台帳に記載されているもの）を拝観。

皇室の御質素な一端を知る。

一八日：射撃実習始まる。七・七ミリ機銃指揮官と射手の実習。

一九日：八センチ高角砲の座学。

二〇日：一三ミリ機銃指揮官と八センチ高角砲射手の実習。

二二日：試験の日割りが急に変更、早まる。

二四日〜二九日（一週間）：試験。

◇七月

一日：酷暑日課開始。兵学校における最後の夜間機動艇訓練。この操艇技量で練習艦隊に乗組むことになる。

九日：小銃射撃競技。

一〇日：蘭印（蘭領印度。現・インドネシア）問題に関する講話あり。予想以上に資源に富める地域と知る。

一九日：呉方面見学。利材（各種の製造工場で発生する端材《はざい》や切りくず、不良品、メッキ廃液、貴金属の触媒、貴金属を含む廃液など利用価値のあるもの。今日でいうリサイクル）工場を見て資源の乏しい日本の実情の一端を知る。耳を劈《つんざ》く騒音と炎天下で、大砲や魚雷が製作されているのを見学、工場も戦場。

二三日：銃剣術競技。夜、クラス会。
二八日：午後、物品整理。
二九日：生徒として最後の訓練（游泳）。
三〇日：機動艇巡航で江田内から大長村（呉市豊町長村）、大三島（愛媛県北部、芸予諸島中最大の島）に至る。大長村では国立水産試験場を見学。
三一日：大三島から因島《いんのしま》（広島県南東部。尾道市に属する芸予諸島の島）に至り大阪鉄工所因島分工場を見学後、北条《ほうじょう》（愛媛県北部）着。

卒業式

◇八月
一日：北条から江田内帰着。
二日：卒業式の立付けあり。ハンモック・ナンバー（卒業席次）を知る。
三日：生徒隊監事の訓示あり。供用物品を還納《かんのう》し、候補生の準備品を受領。
四日：終日物品整理。
五日：配乗する二番艦の「鹿島」に荷物を積み込む。新造艦で、すべて新品。
六日：荷物の積み込み。各人の割り当てスペースは噂通りに狭いが、整理し終わってみれば余裕あり。要領よく整理整頓を要す。生徒館最後の夜。酒巻は、どんな夢路を辿ったのだろうか。

七日：六八期の卒業式。一〇時五五分から海軍大臣、来賓、全職員、全校生徒、卒業生の家族などが大講堂に参集し、御差遣《ごさけん》の宮・久邇宮朝融《あさあきら》王殿下（四九期）臨席の下で行なわれた。新見政一校長が、卒業証書授与と御下賜品拝受式の開催を言上《ごんじょう》。校長の式典言上に続いて教頭が声高らかに、「第六八期生徒、山岸計夫《かずお》他二八七名。右総代、山岸計夫！」と告げる。

総代の山岸生徒は、先ず殿下に敬礼し、校長から卒業証書を受け取り、再び殿下に敬礼して引き下がる。そこで、教頭が優等卒業者の氏名を読み上げる。「第六八期生徒、御下賜品拝受者……」教頭がここで一句切りすると、それを合図に軍楽隊がヘンデルの「誉の曲」をゆるやかな旋律で吹奏し始める。「山岸計夫！」再び山岸生徒の登場である。満場の視線を浴びながら、殿下の前に進み出て最敬礼。御付武官から恩賜の短剣を拝受して左手で目の高さに奉持し、回れ右をして自席に戻る。次々と教頭が六名の優等卒業者の氏名を読み上げ、恩賜の短剣を拝受して卒業式は終わる。

この後、大食堂での祝賀会、戸外での円遊会と、候補生は父兄同伴でこれらの祝宴に出席。来賓、高位高官や教官も気軽に懇談の輪に入って卒業生を祝福する。

一四時、候補生が隊伍を組んで八方園から表桟橋に向かう。校長はじめ、教頭兼監事長、生徒隊監事、部監事、分隊監事、教官、教員、在校生、家族などの盛大な見送りを受け、軍楽隊の演奏する「軍艦行進曲」、続いて「オールド・ラング・サイン」の哀調を帯びた旋律の中を海軍少尉候補生として表桟橋から機動艇に乗り、航海実習の途に就くため、見送りの位置に就いた在校生、教官とその家族などの見送りを受けながら懐かしの江田島を後にし、沖合の練習艦隊司令官清水光美少将（三六期）座乗の旗艦「香取」、二番艦「鹿島」に向かう。江田内抜錨一五時、最初の寄港地は舞鶴。

注：「香取」「鹿島」――海軍は各科少尉候補生の遠洋航海に日露戦争当時の装甲巡洋艦「出雲」「磐手」等を使っていたが、機関は石炭専焼であり、さらに昭和になってからは老朽化が目立って来た。そこで新たに練習巡洋艦二隻を建造したのが「香取」「鹿島」で、昭和一五年に竣工した。同型艦二隻を以て海軍にとっては最後となる昭和一五年度の練習艦隊を編成、実習航海に出かけたが、国際間の風雲急を告げ、九月二〇日に練習艦隊を解散。

航海実習

（◇八月）

八日：二時起床。関門海峡通過を見学。

九日：八時舞鶴入港。鎮守府長官小林宗之助中将（三五期）の訓示を受ける。

一〇日：海軍機関学校卒業式。久邇宮を奉送迎。機関科候補生七八名乗艦。宮津入港、天橋立見学。夜は三時間にわたり軍艦例規、艦船職員服務規程、練習艦隊関連諸法令の説明あり。

一一日：主計科候補生二六名乗艦。司令官、各科候補生に対し訓示。午前日課、午後、副直将校勤務の説明。夜は機関科、主計科候補生を交えて懇親会。

一二日：午前、戦闘諸教練見学。午後、天測説明。夜は分隊士勤務。予想に反し日本海は極めて平穏。

一三日：一三時、野辺地（青森県南東部）入港。本州の北端に達す。すでに秋の気配を感ず。午前、午後、夜と一〇時間の講義あり。

一七日：六時、野辺地を出て八時大湊に入港。要港部司令官の訓示、首席参謀から要港の使命と陸海施設について講話あり。研究軍医官乗艦。夜は軍医科士官と懇親会。

一八日：一五時、鎮海（朝鮮）に向けて出港。分隊士の業務見習い。
一九日：「霧中航行用意」発令。上甲板に出ると霧が一面に立ち込め、視界は二〇〇メートル以下。
二〇日：後醍醐天皇配流の地隠岐島《おきのしま》を左舷に見て二四三度（南西）に変針。
二一日：六時、鎮海に入港《はいる》。要港部司令官訓示、終わって自由散歩。
二三日：六時、鎮海出港、旅順に向かう。海上平穏なるも若干のうねりを横に受け、横揺れあり。
二五日：五時から水雷艇「鳩」「雉《きじ》」と合同演習。八時に旅順着。司令官訓示後、鶏冠山の北堡塁《ほるい》（敵の攻撃を防ぐため、石・土砂・コンクリート等で構築された陣地）、戦利品記念館、二〇三高地、白玉山、海軍野戦重砲陣地などの戦跡見学。
二七日：八時旅順を出港。一二時、水先案内人の操艦で大連第三埠頭《ふとう》に繋留。夜汽車で新京に向かう。ゆったりとした車中から赤い夕陽の満州の大地を見る。さもありなん。松永市郎氏（六八期。重巡「古鷹」、軽巡「名取」通信長）によると、練習艦隊司令部は候補生のために二等車を予約した。ところが、これを知った大村卓一南満州鉄道（満鉄）総裁が、候補生は海軍に奉職するのだから、もう満州に来る機会はないだろう。この旅行がよい思い出になるように、といって満鉄から世界に誇る「亜細亜号《あじあ》」の一等車が提供されたという。
二八日：九時新京着。陸軍と満州国政府の広壮な建物が目につく。皇帝陛下の接見、国務総理の招宴あり、二二時奉天に戻る。
二九日：撫順《ぶじゅん》ではオイルシェールや合成油の製造、露天掘り等を見学。夜行で奉天を発ち、大連に向かう。
三〇日：一等車の夢終り、八時大連着。一二時から市内見学。忠霊塔参拝。その後自由散策。市内は異国とは思えず、日本人ばかり目につく。
三一日：桟橋を埋める旗の波に送られて大連出港。一路上海に向かう。黄海の波高し。
◇九月
二日：上海着。郵船嗎頭《まとう》繋留。
三日：汽車にて南京着。五時間余の旅程。戦跡見学。
四日：朝、上海に戻る。
五日：上海戦跡見学。支那方面艦隊司令長官嶋田繁太郎中将（三二期）の招宴。
六日：上海発。日本を取り巻く世界の情勢は日々に緊迫の度を加え、上海出港後の航海実習は打ち切られた。
八日：寺島水道（長崎県西彼杵《そのぎ》半島北西端と寺島の間の海域）帰着。

九日：佐世保鎮守府司令長官平田昇中将（三四期）訓示、首席参謀講話、海軍諸施設見学。
一二日：神社《ママ》（注：鳥羽の沖合と思われる）に向け、佐世保出港。
一四日：神社着。
一五日：伊勢内外宮（三重県伊勢市）参拝。
一六日：橿原《かしはら》神宮、畝傍《うねび》御陵参拝後、横須賀に向け神社出港。
一八日：横須賀入港。
一九日：坂下門から宮城に入る。西溜《にしだまり》に小休止後、千草の間にて昭和天皇に拝謁。振天府を拝観。煙草を賜う。
二〇日：練習艦隊解散。司令官訓示。
二八日：霞ヶ浦航空隊にて臨時航空術講習並びに航空適性検査。
二九日：地上適性検査。
◇一〇月
二日：機上適性検査。
三日：航空衛生学講話。甲種飛行練習部見学。
五日：航空戦略講話。適性検査終了。第一水雷戦隊旗艦「阿武隈《あぶくま》」乗組みを命ぜられる。

軽巡「阿武隈」乗組み

（◇一〇月）

八日～昭和一六年三月三一日：第一水雷戦隊旗艦「阿武隈」[注]に着任。副長付甲板士官を命ぜられる。甲板士官とは、艦長を始めとする艦の中枢部の命令を迅速確実に下士官兵に実施させ、艦内の衛生、規律維持に務め、甲板清掃等、下士官兵の行う諸作業に遅滞がないか看視する。糧食等の荷揚げ要員の各部署への割り当てや、どこそこのパイプが詰まったといえば真っ先に連絡が入るので、飛んで行く。港湾荷揚げ業務、清掃・維持管理作業監督者、いわば何でも屋の親方のような存在で、何時、如何なるときにでも迅速に対処できるように、彼らの服装は季節に拘わらずズボンの裾を膝まで捲り上げ、素足で歩き、肩には懐中電灯、手には甲板棒というのが定番スタイル。下士官兵が上陸して赤線区域でトラブルを起こせば、たとえ交渉相手が置屋の主人であっても、頭を下げて一件落着させるのも甲板士官の仕事であった。

注：軽巡「阿武隈」――「長良」型。一九二五年三月、浦賀船渠にて竣工、同年五月就役。基準排水量

五五七〇トン、全長一六二・一三メートル、全幅一四・一七メートル、主機九万馬力、最大速度三・六ノット。乗員四三八名。兵装：一四センチ単装砲×二基、八センチ単装高角砲×二基、六一センチ連装魚雷発射管×四基。昭和一九年一〇月二六日、敵空母機の攻撃を受けミンダナオ島にて沈没。

軍艦旗を背に舵柄をとり、帆走を指揮する酒巻生徒〔提供：酒巻潔氏〕

兵学校卒業を前に、江田島を訪れた両親との記念写真〔提供：酒巻潔氏〕

昭和15年8月、兵学校卒業後、酒巻らが少尉候補生として航海実習に乗り組んだ新鋭練習巡洋艦「鹿島」

酒巻が最初に配置された軽巡「阿武隈」。当時は第一水雷戦隊旗艦で、酒巻は甲板士官を命ぜられた

第四章　甲標的訓練

水上機母艦「千代田」乗組み

昭和一六年四月一日、酒巻たち六八期は晴れて海軍少尉に任官した。そして水上機母艦「千代田」[注]乗組みを命ぜられ、甲標的第二次講習員として訓練を開始することになる。

注：「千代田」――水上機母艦「千歳」と同型。基準排水量一万一〇二三トン。全長一九二・五メートル、速度二九・〇ノット。兵装一二・七ミリ連装高角砲×二基、二五ミリ連装機銃×一二丁。後日、甲標的母艦に改造後、空母に改造。

開戦前の世界情勢

前述の通り、昭和一四（一九三九）年に行なわれた六七期のハワイと南洋諸島を寄港地とした遠洋航海は、日米間の緊張が高まっていたため、練習艦隊はオアフ島では軍港の真珠湾に隣接した商港のホノルル港に停泊した。そして、アメリカ海軍の応接も最小限の公式行事のみであったという。候補生の指導官も、数年を経ずして日米は必ず交戦すると示唆し、真珠湾の入口を十分に観察するようにと指導している。また、翌一五年の六八期の実習航海も、日本を取り巻く世界の情勢が日々に緊迫の度を加えて来たので、四〇日にして九月中旬には打ち切られ、候補生は直ちに実施部隊に配属された。

周知の通り、昭和一五（一九四〇）年にルーズベルト大統領が大統領選で三選を果たしたときの公約は、米国は参戦しない。英国に兵器を与えて対独戦争を続けさせるということであった。

しかし、本心はどうであったのか。ハル・ノートの内容を見れば、無理難題を吹きかけて日本を怒らせ、あわよくば先に手を出させようとしていたのではないかと思うのは、筆者だけだろうか。

ハル・ノートだけではない。開戦直前の一二月初旬、大統領はアジア艦隊司令長官トマス・ハート大将に小型武装帆船の「ラニカイ」と「モリー・モーア」、そして七一〇トンの哨戒ヨット「イサベル」（ＰＹ－10）を使用して日本軍が進駐している仏印海岸の偵察任務を極秘裏に与えた。

彼らの本当の任務は「アメリカにとっては不測の事態を日本軍に起こさせること」であった。しかし、「ラニカイ」と「モリー・モーア」が配置につく前に日本軍が真珠湾を攻撃したので、この二隻の任務は中止となった。

「イサベル」艦長のジョン・パイン大尉は命令を受けると、事前に打ち合わせた暗号書一冊のみを携行し、残り全部の暗号書と上甲板のすべての余剰重量物を陸揚げし、モーターボートを手漕ぎの捕鯨ボートに取り換え、燃料と食料を満載、救命筏を追加して、仏印海岸沖合で行方不明になったＰＢＹカタリナ飛行艇（哨戒爆撃機）の捜索に出かけるという作り話の筋書きに従って一二月三日、マニラを出港した。

彼は夜陰に紛れて海岸に近づき、「イサベル」を見た者が「イサベル」は漁船だと誤認するように灯火を点け、日本軍の艦船の行動を報告すること。そして万一戦闘を余儀なくされた場合は、最善を尽くして応戦し、逃げ延びること。さらに必要であれば、日本側に「イサベル」を拿捕《だほ》させるよりも破壊することを命じられた。

一二月五日、「イサベル」は最初の船を見た。それは濃い灰色の塗装をした大型船で、旗は掲揚しておらず、明らかに「イサベル」の視界外に出ようと、しばしばコースを変更していた。一二月六日の朝、水上機母艦「神川丸《かみかわ》」から発進した零式三座水上偵察機が、高度三〇〇メートル、距離二〇〇〇メートルのところを旋回していたが、全然「お呼び」ではない。「イサベル」からは仏印の山々が見えた。

その日遅く、「イサベル」はマニラに帰投する命令を受けた。一二月八日、帰路において「イサベル」は日本軍が真珠湾を攻撃したこと、アメリカが第二次世界大戦に参戦したことを知らされた。

残念ながら、太平洋戦争はカムラン湾内の「イサベル」事件で始まったと、歴史にその名を残すことにはならなかった。しかし、ルーズベルト大統領の希望通り、最初の一発は、真珠湾において日本軍が撃つことになったのである。

邀撃漸減作戦

ここで話を変えて、太平洋戦争の開戦劈頭《へきとう》、真珠湾攻撃に参加して未帰還となった特殊潜航艇（以下「特潜」）は、どのような経過をたどって正式兵器として採用され、戦闘に投入されたのか、触れてみたい。

下世話にいう「昨日の友は今日の仇《あだ》」ではないが、アメリカの斡旋により日露戦役が終わってから早くも二年後の明治四〇（一九〇七）年、日本海軍は八・八艦隊[注]を整備するための予算獲得上の便宜的想定ではあったが、「帝国国防方針」として、初めてアメリカを仮想敵国として認めている。そして翌四一年、といえばグレート・ホワイト・フリート[注]による示威訪問を横浜に迎えた年であるが、アメリカ海軍を仮想敵とした最初の実働演習が実施された。

しかし、当時の潜水艦や駆逐艦は未だに堪航《たんこう》能力（船舶が通常の航海に耐え、安全に航行できる能力）や実用性に乏しかったので、アメリカ本土から遠路はるばる日本近海まで来襲するアメリカ艦隊を日本海海戦当時と同様、日本海軍の戦艦・巡洋艦部隊が邀撃して雌雄を決するという構想であった。

その後、大正三～七（一九一四～一九一八）年の第一次世界大戦により日本海軍が得た戦訓も列強の海軍と同様、ド級艦[注]中心主義と巡洋戦艦[注]のメリットの再認識であった。

注：八・八艦隊――アメリカを仮想敵国とする戦艦八隻、巡洋戦艦八隻を基幹とした日本海軍の造艦計画。

グレート・ホワイト・フリート――明治四〇年一二月一六日～四二年二月二二日にかけて世界一周航海を行ったアメリカ大西洋艦隊の名称で、全ての参加艦艇が平和色である白色の塗装をしていたことによる。

ド級艦――明治三九〈一九〇六〉年、英国で一五センチ副砲全廃、三〇センチ主砲一〇門を搭載した戦艦「ドレッドノート」が出現し、従来の戦艦はその価値を失った。ド級艦とは、このド級艦の装備に対応した主力艦をいう。

巡洋戦艦――高速・運動性に優れ、戦艦並みの大口径砲による攻撃力を有するが、防御力を若干犠牲にした装甲巡洋艦の発展型。後日、戦艦扱いになる。「比叡《ひえい》」「霧島」など。

しかし、大正一一年のワシントン軍縮会議で主力艦の保有比率を米（五）、英（五）、日（三）に制限されると、日本海軍では新しい兵器の開発や作戦構想の策定が必要になった。これが翌一二年の「帝国海軍ノ用兵綱領」に示された太平洋を横切って西進して来るアメリカ艦隊に対する邀撃漸減《ようげきぜんげん》作戦である。

これ以降、日本海軍は終始一貫してこの漸減作戦構想に基づいた軍備、艦隊の編成、兵員の教育・訓練などを推進することになる。同構想の概略は、次の通りである。

一　潜水艦部隊を長躯米本土にあるアメリカ艦隊の集結地まで派遣し、その動静を探知する。敵艦隊が出撃すればこれに接触追尾、動静の監視、折を見て反復攻撃して敵艦隊の漸減を図る（巡潜型潜水艦は、常備排水量二二四三トン、水上速度二二ノット、水中速度七・五ノット、一二・七センチ高角砲一門、魚雷発射管六門、カタパルト一台、小型水偵一機、航続距離二万浬／一〇ノット）。

二　中型（双発）攻撃機を主体とする基地航空部隊を内南洋諸島（トラック島やサイパン島）に配備し、敵艦隊がその行動半径内に入ったならば母艦航空部隊と協力し、雷・爆撃によりこれを漸減する（九六式陸攻は日本海軍独自の機種で、最大／巡航速度二二四／一五〇ノット、航続距離三三〇〇浬、魚雷または八〇〇キロ、または五〇〇キロ爆弾一、或いは二五〇キロ爆弾二、または六〇キロ爆弾一二発を携行）。

三　決戦海面において水雷戦隊を以って夜戦を決行し、夜戦に引き続いて黎明《れいめい》以降は戦艦部隊を基幹とする全兵力を挙げて決戦を行ない、敵艦隊を撃滅する。（水雷戦隊は雷撃力と各種性能を向上させた軽巡が旗艦となり、駆逐艦三〜四隻からなる駆逐隊を二隊以上束ねて編成）。

「特潜」研究

満州事変勃発直後の昭和六年一二月、艦政本部第一部第二課長に魚雷の権威岸本鹿《か》子治《ねじ》大佐（三七期）が着任した。同大佐は日米開戦に備えて新兵器開発の必要性を痛感し、速度三〇ノット（アメリカ戦艦の推定速度二〇ノットの一・五倍）、航続距離六万メートル（被我主力の砲戦による決戦距離）の特潜（有人）の研究を朝熊利英造兵中佐に命じた。

岸本大佐は昭和八年、機密保持と反対派の阻止を避けるため、海軍ではご法度ではあったが、その研究結果を軍令部総長伏見宮に直訴した。同宮は「体当り必死兵器」ではないことを確認の上でこれを裁可した。太平洋戦争末期の「十死零生」の神風《じんぷう》特別攻撃隊とは異なり、当時、海軍部内においては「九死を以って限度とする」という考え方が健在だったことが伺える。

その後に説明を受けた海軍大臣岡田啓介大将（一五期）は、その用途が戦術用、戦略用、両者、動力装置が電池、ディーゼル機関、両者併用の数案のうちから戦術用の動力を電池のみとする最も簡易安価な案を採用した。

そして、この特潜を昭和八年に策定された第二次補充計画（「㊁計画」）の水上機母艦「千代田」「千歳」と、一一年の㊂計画による「日進」の計三隻を特潜母艦に改造し、特潜各一二隻を搭載して事前に決戦海面まで進出、敵主力の前面数万メートルにおいて母艦から発進、三六隻が魚雷各二本で敵主力を攻撃する。その後は、彼我主力艦隊同士の決戦終結を待ち、母艦が搭乗員を救出するという構想で、この特潜の開発が開始された。その結果、隻数不足の潜水艦を補うこともできるようになった。

設計は昭和七年八月から極秘裡に行なわれ、造船、水雷、電気関係者の努力により短期間で終了した。問題点は、動力の電池から発生する有毒ガスの処理、速度の調節方法等と山積みだったが、前者はパラジューム触媒の利用、後者は電池の直列と並列の組み合わせをギヤの切り替えで解決した。

この年一〇月、呉海軍工廠魚雷実験部にその製造（一次試作）が命じられ、翌八年八月、伊予灘において無人航走実験を実施し、速度は約二五ノットが得られた。次いで一〇月には瀬戸内海において各種の有人性能試験も加藤良之助少佐（四八期）と原田新機関中尉（機三八期）搭乗の上行なわれ、また、昭和九年夏から年末にかけて高知県宿毛湾において実施された外洋実験も終了し、その成績は速度二二ノット、航続時間五〇分（三・四万メートル）で、外洋のうねり対応策と航走能力の改善が要望された。かくして誕生したこの試作特潜は、艦隊決戦用として呉海軍工廠の魚雷実験部に厳重保管された（資料により成績は若干異なる）。

甲標的（特型格納筒）と命名

日中戦争が始まり国際情勢が緊迫して来た昭和一二年、特潜の改良計画の検討、翌一三年、母艦の竣工と相俟って改良計画（二次試作）が着手された。関係者の増加に伴い、機密保持は更に厳重となり、真珠湾攻撃に関して公式に発表されるまで特潜の存在は秘匿《ひとく》され、特潜は、この時点で「甲標的」（秘匿名称・特型格納筒）と命名された。当時の甲標的に関する将来計画は、次の通りである。

1. 可及的速やかに、呉工廠において甲標的二隻を試作の上、有人実験を実施。
2. その後、速やかに甲標的の母艦「千代田」による発進実験を実施。
3. 実験の結果、甲標的が兵器として正式採用された場合、可及的速やかに四八隻（母艦三隻分として定数三六隻＋予備一二隻）を呉工廠において建造。
4. 呉軍港付近に、甲標的の格納・整備に必要な基地の設定準備。
5. 「千代田」「千歳」「日進」に甲標的の搭載、発進などに要する諸設備（第二状態）の工事の実施。
6. 搭乗員の養成。

昭和一四年七月七日付の海軍大臣訓令により建造された甲標的（二次試作）の一隻が翌一五年四月に完成、無人実験に引き継いで有人実験が実施された。実験は、甲標的の単独実験と母艦からの発進実験の結果を以って甲標的と母艦との関連設備の性能を検討し、さらに甲標的は外洋での襲撃運動を実施して、その実用性を確認することを目的とした。

同年五月、「千代田」の母艦への改造工事が始まり、甲標的の実験と並行して工事が進められた。六月に甲標的の実験が終わり、「千代田」の工事も完了したので、七～八月の間に同艦からの発進実験が実施されている。

この一連の実験により自信を得た艦政本部長豊田副武中将（三三期）は、海軍省に採用の意見を具申。昭和一五年一一月、遂に制式兵器としての採用が決定したが、その前提は洋上襲撃であった。洋上において比較的平穏な海上でさえピッチングとローリングがひどくて航走が安定せず、潜望鏡による目標の捕捉が困難で、司令塔を海面上に露出する必要があり、真珠湾などの港湾襲撃には性能不足というのが、関係者の意見であったといわれている。

残り三四隻の甲標的の製造は、一〇月と一二月に分割して訓令され、音戸ノ瀬戸を東に抜けた倉橋島の先端部、大浦崎に甲標的の格納・整備基地が建設されることになる。この基地の秘匿名は「P基地」で、終戦直前には「回天」の特攻基地としても使用された。一一月一五日、第一期講習員（一四名。第一次特別攻撃隊員岩佐直治〈六五期〉、第二次特別攻撃隊員秋枝三郎中尉〈六六期。マダガスカル島にて戦死〉の他一二名）は「千代田」乗組みを命じられ、彼らに対する甲標的の講習が開始された。

以後、講習は第二期、第三期……と引き続いて行なわれている。

真珠湾攻撃に使われた甲標的「甲型」の諸元は、次の通りである。

設計／完成年：昭和一三年（第二次試作）／同一五年
全没排水量：四六・〇トン
全長：二三・九〇メートル
幅：一・八五メートル
深度：一〇〇メートル
速力・水中：二四ノット（一時間）
航続力・水中：六ノット（八〇浬）
推進電動機：六〇〇（HP）一基
主蓄電池：特D×二二四基
発射管：四五・〇センチ二門
武装：九七式四五・〇センチ魚雷（炸薬三〇〇キロ）二本
搭乗員：二名

搭乗員等の養成訓練

年が明けて昭和一六年になった。酒巻は前述の甲板士官スタイルも板に付き「阿武隈」の艦内を駆け巡っていたが、三月末、呉軍港にいる水上機母艦「千代田」乗組みを命じられた。着任直後の四月一日、酒巻たち六八期は少尉に任官し、襟章の金筋に銀色の桜が一つ付いた。これで一人前ということになる。

着任してみると同期の広尾彰、八巻悌次、伴勝久少尉をはじめ、六六期の中馬兼四、松尾敬宇中尉、六七期の横山正治、古野繁実中尉の先輩を含めた一〇名の士官と一五名の下士官が第二次講習員のメンバーであることが分った。彼らは、このとき初めて、彼らの任務が甲標的の訓練と知らされたのである。

士官一〇名が艇長、下士官一〇名が艇付、残りの五名はジャイロ・コンパス（正式名称は「安式九七転輪羅針儀」。以下「ジャイロ」）整備の特技者の訓練を受けることになっていた。教官には昨年の一〇月から今年の三月まで第一次講習員であった岩佐直治、秋枝三郎中尉、教員には佐々木直吉、竹本正己一等兵曹がそれぞれ任命された。

第二次講習員は訓練開始に先立って、この訓練が軍極秘であり、甲標的や訓練については相手が何人たりとも、たとえ海軍士官であっても口外しないこと、そして彼らが訓練を通じて知り得たことの守秘義務について宣誓させられた。

第二次講習員の士官と下士官の人選は、人事当局において厳重に調査した上で行なわれた。『酒巻和男の手記』（株式会社イシダ測機。以下「手記」）によれば、選考基準は、次の通りであったという。
1. 身体強健で意思堅固な者
2. 元気旺盛で攻撃精神の強い者
3. 独身者
4. 家族的に後顧の少ない者《ママ》

日本の家長制度のため、家族の状況は非常に重要であった。人選された者に与えられる任務は常に危険を伴うと考えられていたので、長男または一人息子、すなわち将来、戸主（一家の主人）として父親の跡を継ぐことになる者が甲標的の訓練に参加することは論外であった。人事当局は、ある家族の潜在的な戸主が、この様な危険な任務に就くことを許可して家族制度を毀損《きそん》することを望まなかった。そして、妻帯者は当初から除外されていた。

第二次講習員が参加した訓練は、昭和一六年四月から一一月初めまでのほぼ七ヵ月の長期間にわたり、かつ余すところがなかった。訓練は三段階に分割され、最初は甲標的の構造、諸系統の座学、次は運用と操縦、そして最後が実際の目標に対する模擬攻撃であった。

最初の座学は、「千代田」艦上と呉の潜水学校分校の実験部とで交互に行なわれた。甲標的は他の講堂から仕切られた別室に保管されていて、ここではその構造や諸系統を学んだ。座学の補習には特製の教材も準備されていた。

座学が終了する直前、彼らは艇長と艇付のペアを組んだと思われる。酒巻の相方は三重県出身、昭和九年六月広島県の呉海兵団に入団、水雷学校高等科練習生課程を終了した大正四年生まれの酒巻よりも三歳年長の稲垣清二等兵曹であった。

次の訓練は甲標的の運用であるが、これも呉で実施した。速度、距離、深度、その他の航法に関する諸元と同様、目標への接近方法や魚雷の発射、一般的な攻撃方法も呉の潜水学校分校で模型（「模擬訓練装置」〈シミュレーター〉のことと思われる）を使って訓練した。訓練は甲標的を強調して行なわれたが、大型潜水艦に関する事項も含まれていた。

三机での模擬攻撃訓練

訓練の最終段階である実際の目標に対する模擬攻撃は、次の三ヵ所で実施された。

1. 愛媛県の三机《みつくえ》湾。ここが主訓練基地になった。
2. 屋代島（山口県周防大島）。岩国から少し南下した本州の沖合になる。

3．平城湾《ひらじょう》（現・御荘湾《みしょう》）。四国の南西海岸、宿毛湾の北。愛媛県南宇和郡御荘町。

三机湾における訓練は六月初旬に始まり、八月末まで続いた。同湾は、四国の北西部から豊後水道に向けて西に細長く伸びた佐田岬半島の中央部にある伊予灘（瀬戸内海側）に面した湾である。ここが当時極秘事項であった甲標的の実験・訓練場として選ばれた理由は（一）地勢上周囲から隔離され、人の出入りが少なく、秘密保持に最適。（二）内湾と外湾の二重湾を備えた波静かな良港であり、湾内への交通量が少なく、各種訓練に好適。（三）湾外の佐田岬寄りの伊予灘は大型船舶の航路から外れていて、甲標的の実験・訓練に最適であるからで、「真珠湾に酷似するから」という風説は、明らかに誤りである。時期的に見ても、真珠湾攻撃に甲標的を導入することが決定したのは一〇月中旬以降である。

模擬攻撃の訓練を実施するに当たっては数隻の甲標的を三机に搬入しなければならないが、未だ「千代田」には第二状態の改造がなされていない。そして搬入した甲標的の日常の保守点検と整備は、甲標的が軍極秘の兵器であるため、人目に付かずに行なう必要がある。これらの諸問題は、どのように解決したのであろうか。岩宮満著

『特潜勇士と軍神宿』の中に「特潜会報第一三号」から引用された次のような記述を見つけることができる。

「昭和一六年春の或る日、黄色く塗装され石炭の煙を黒々と吐く古びた数隻の小さな船（呉海軍工廠の雑役船）と、全体にカバーをかけた異様な物件（これが特潜であった）を搭載した団平船《だんぺいぶね》及びクレーン船からなる謎の船団が、突然入港して港のほぼ中央に錨をおろした。そしてその翌日の早朝、団平船に搭載された異様な物体は、カバーをかけたままクレーンによって海に下ろされ、そのまま待機していた曳船に横抱きされて港外へと曳き出されて行った。

夕刻になると、同じような姿で港内に帰って来た物体は団平船に収容された。団船平に横付けしている動力船の発動機及び空気圧縮ポンプの音が響き充電補気が開始され、多数の人々がその周辺で、時には深夜まで整備作業を行なっている様子が伺われた。

そして、この物体（特潜）の訓練搭乗員や整備作業をしている人々は、夜になると、油にまみれた作業服のままで上陸し、部落内の小さな旅館或いは公衆浴場で入浴を済ませると、再び汚い曳船その他の雑役船の狭い寝室へ帰って行ったのである。彼らは、部落の人々に対して丁寧に挨拶は交わしていたが、どのような仕事をしているかについては一言一句も口にしなかった。しかし、狭い部落のことで忽ちお互いに顔見知りとなり、双方次第に親密となって行ったのも事実である」

当初、講習員は食事と臥床は「呉丸」で、入浴は三机に上陸して、を建前としたが、次第に旅館（士官は岩宮旅館、下士官は松本旅館）に宿泊して入浴、食事も摂り、翌朝、船に戻るようになった。

講習員は連日、岩佐中尉の指導を受けて甲標的の運用、操艇訓練に励んだ。そして夕方になると彼らは上陸し、健康状態を良好に維持するため、体操や長距離を歩行した。小事故は度々あった。甲標的が危うく「千代田」とニア・ミスしかけたことや、三机港を通って西に伸びている細長い佐田岬半島に乗り上げることもあったが、講習員が甲標的を操艇するのに困難を来たした問題はほとんどなかった。

しかし、甲標的の機器――照明系統、ジャイロ、計器類、そして魚雷にも多くの問題点を抱えていた。これらの機器や魚雷に関する問題点は六月末に呉に持ち帰り、専門家による調査後、呉工廠で修理して、甲標的を再び使用可能な状態に復旧した。

講習員は、機器や魚雷の不具合個所が修理され、甲標的の整備が終わるまでの間、心身ともにゆっくりと休息した。そして七月中旬、準備が整うと甲標的と一緒に三机に戻った。「千代田」も標的艦の役目で同地に滞在した。三机では前回の訓練を継続し、静止目標に対する模擬魚雷の発射を含めたところまで訓練を消化するため、寧日なき日が続いた。

甲標的が使用する水域の両側に四隻の哨戒艇を配置し、漁船やその他の小舟をその水域から閉め出して、甲標的は静止した目標、すなわち「千代田」目がけて一五浬の訓練コースに沿って潜航した。丈夫なワイヤーで後方にブイを曳航しながら、講習員がどんなに手際よく潜航して操艇しているかを教官が水雷艇に乗って観察し、かつ護衛しながら、甲標的を追って一緒に航走した。

甲標的は、目標から五〇〇〜二五〇〇メートルの距離から模擬魚雷を発射した。最適の距離は、標的の「千代田」に命中しないで、その艦底を通過するのに十分な深度になるようセットされた魚雷の場合一〇〇〇メートルであった。各講習員が三週間の間に八浬から一五浬の距離で、この様な潜航訓練を約一五回実施した後、彼らは訓練の大成功を喜んで、呉に戻る準備をした。

呉に戻ると、甲標的を呉工廠において修理・整備して使用可能な状態に復旧し、講習員は再び約一〇日間の休息をとり、三度目、そして最後になる三机で行なう訓練の前に、今迄の訓練時の問題点を綿密に見直した。

三机における三度目の訓練は、移動する標的に対する攻撃であった。今回、「千代田」は甲標的が発射した魚雷を避けるためにジグザグ航行をしたり、回避運動を行ったりした。

そして、各講習員には移動目標に対して数本の魚雷を発射する機会が与えられたが、彼らが目標に衝突する危険を避けるため、大部分の訓練では甲標的から空気泡を放出して信号を送り発射地点と見なす代替方策が取られた。海上から見ると、この様にして放出された空気泡は、「攻撃」の正確さの指標になった。他のすべての段階における甲標的の運用に関するデータ同様、魚雷発射の正確度を示すデータも記録され、操艇訓練が行なわれている間に収集された。

三机におけるこの訓練期間中に、潜水艦の権威でGF参謀の有馬高泰中佐（五二期）が状況視察に一度来訪した。彼は、甲標的が実戦において有用であると証明できる程十分に進歩発達したかどうかに格別の関心を示した。母艦としての「千代田」そのものの視察に加え、彼は水雷艇に乗って甲標的の運用状況を半日観察した。

港湾襲撃構想

九月初旬、「千代田」艦長原田覚大佐（四一期）は講習員が呉に帰着すると、彼らに、来る同艦の「第二状態」公式試験時には中央からも多数の委員が参集する。そのときを利用して、甲標的の戦術的価値を上申するので、その戦術用法について研究し、成案を提出するようにと大体の骨子を示した上で命じた。

九月一一日、岩佐中尉を原案者とする答案が提出された。それには（一）港湾襲撃（大型潜水艦に甲標的二隻程度を搭載、敵港口にて発進）、（二）索敵部隊協力（接敵誘致戦時の使用）、（三）艦隊決戦時の使用が詳述されていた。なお、「千代田」では八月末の三机における訓練終了後、水上機母艦の「第一状態」から特潜母艦の「第二状態」への本格的な改造工事が始まっていた。

九月一八日、「第二状態」能力試験時に、この研究は参集した委員長呉工廠長砂川兼雄中将（三六期）、魚雷実験部長岩瀬正己大佐（四一期）、同部部員兼水雷部部員赤坂徳治大佐（四四期）、艦政本部部員兼技術会議議員藤本傳《つたえ》中佐（四八期）、軍務局局員兼技術会議議員堀之内美義《みよし》中佐（五〇期）、軍令部部員兼技術会議議員岩城繁少佐（五三期）、その他多数の委員に説明された。港湾侵入については全員の賛成が得られたが、潜水艦の甲板には一隻であれば搭載可能とのことであった。

ここで初めて甲標的による港湾襲撃が着想された。航空機の急速な発達により、当初計画されていた艦隊決戦時の使用が疑問視され始めていたのではないかと思われる。

真珠湾攻撃への参加決定

甲標的を真珠湾攻撃に参加させるに至った経緯については、その搭乗員の訓練責任者であり、育ての親ともいうべき原田大佐の日記によれば、次の通りである。

一〇月二日、室積《むろづみ》（山口県東部）にてGFに合流。司令部で「千代田」の性能試験結果と甲標的の戦術用法の研究等について報告。一〇月四日、旗艦「陸奥」注で行なわれた対米作戦最後の図演を見学に行く。そのとき、山本長官から「『千代田』艦長、一寸」と直接呼ばれ「陸奥」の後部砲塔右舷の人気のない所で突然、「君から出された標的の戦術用法中に、潜水艦で敵港湾入口まで運び侵入するというが、実現可能なりや。また、乗員一同の士気如何」ということで、小官は「この案は、乗員の発案であって、実行の士気は大いに振るっている」旨を返答。長官は「そうか。艇長の発案か。それならいかなる潜水艦で運び得るか、また、敵港湾中、どれとどれが侵入できるか。襲撃後帰還に対する可能性ありやについて至急研究し、成果を報告せよ」とのことであった。

注：昭和一六年四月三日～一〇月七日の間、「長門」は横須賀海軍工廠において砲身換装と各部の強化実施のため、GF旗艦任務は「陸奥」に移されている。一方、一〇月八日、旗艦は「陸奥」から「長

門」に移され、一〇月九日〜一三日の間に前述の図演が同艦において実施されたという記述もある。

急遽帰艦し、岩佐と松尾（敬宇中尉。シドニー港攻撃にて戦死）を呼び研究を進め、翌一〇月五日、岩佐と一緒に「陸奥」に行き、後部長官公室で、研究の結果海大四型以降の大型であれば後部甲板に一隻搭載可能。潜水艦の船体強度とGM（Gravity Metacenter）[注]関係は技術官の調査が必要の旨、続いて岩佐が真珠湾、サン・フランシスコ、シンガポールの軍機図を示して行程、母艦からの離脱位置、侵入襲撃法、脱出計画、収容地点等について説明、真珠湾は確信あるもシンガポールはやや困難なるを申上げると、「船体強度とGM関係は当局にて調査させる。シンガポールについては、他に方法あり。真珠湾に侵入後脱出の確信ありや」との問いに対し「十分確信があります」と岩佐から申告した。小官からは「もし真珠湾の侵入を決行されるならば、標的の改造、乗員の訓練に相当の日時を要するので、速やかに当局に発動するようお願いします」と申告。長官は、ただ「そうか」といわれただけであった。

注：メタセンタ高さとは、重心「G」とメタセンタ「M」（船など水面に浮かんでいる物体の傾きの中心）との距離で、この値が大きいほど復元力が大である。

一〇月七日、図演見学のため「陸奥」に行った折、軍令部の参謀が来訪したので艦隊から甲標的使用の件を申し出たところ、その実現のため同参謀は即日帰京したと耳にした。さらに、前述の通り一〇月四日、山本長官が「千代田」艦長に甲標的による真珠湾攻撃を諮問《しもん》し、翌五日には回答を得ているのみならず、九日には真珠湾事前偵察員注が不自然な早さで決定している。これらを勘案すれば、甲標的による真珠湾攻撃は、その計画が既定だったからという見方もある。

注：「大洋丸」組——呉潜水学校教官前島寿英中佐（四八期）と軍令部出仕鈴木英少佐（五五期）の二名が、前者は船医、後者は事務員という触れ込みで一〇月二六日に横浜を出港した在米邦人引揚船「大洋丸」に乗船、一一月一日ホノルル着。その後サン・フランシスコ経由で一一月一七日横浜に帰着。彼らはホノルル領事館員森村正一書記生（軍令部第三課から派遣されていた吉川猛夫少尉）からオアフ島の各飛行場の状況、艦船の碇泊、陸海軍飛行機の機数など、九七項目の情報を収集している。「龍田丸」組——一〇月初旬、軍令部三部勤務の中島湊（五二期）中佐が真珠湾視察のため派遣されるので、甲標的の搭乗員二名を同行させるようにとGF参謀長から「千代田」艦長に下命。第二次講習員として訓練中の松尾敬宇、神田晃（六七期）中尉が選抜され、中島中佐は事務員、松尾、神田中尉は軍令部出仕となって見習運転士の肩書で、在米邦人引揚船「龍田丸」に乗船、一〇月一五日横浜を出港した。同船には、アメリカに引き揚げる外国人約六〇〇名が乗船していた。「龍田丸」は一〇月二三日ホノルル着、翌々二五日出港。この間に中島中佐は前出の九七項目に渡る質問に対

する回答を森村書記生から喜多領事経由で受け取った。同船は三〇日サン・フランシスコ着。しかし、国際状況は緊迫、アメリカ側の態度は更に硬化し、「龍田丸」も抑留される懸念が出て来たので、船長は急遽引揚者を乗船させ、郵便物の受取りを待たずに出港、荒天候ではあるが最短コースの北太平洋を航行して一一月一四日、横浜に帰着。松尾、神田中尉は入港前に真珠湾湾口を遠望し、甲標的の侵入方法を考察したに違いないが、それ以上のことは判然としない。帰国後、海軍の内火艇が彼らを検疫錨地で収容して上陸。直ちに空路呉に帰着している。

最後の港湾侵入訓練

一方、講習員に対しても最後の港湾侵入訓練が行なわれた。その訓練場として平城湾が選ばれた。その理由は、地図を一瞥すれば明らかである。そこは真珠湾に酷似していたのだ！　一〇月三一日から一一月三日（明治節。明治天皇の誕生日、現・文化の日）までの夜間訓練では、講習員は幅二〇〇メートルの水道を疾走し、その奥の端にある大島を周回して出入り口で待機している「千代田」まで戻って来るのである。雲の多い暗夜、この離れ業は「千代田」が陸岸や周囲の山々からは見分けがつかない困難な条件下で実施された。参加したのは岩佐大尉（岩佐たち六五期は、昭和一六年一〇月一五日付で海軍大尉に進級）、横山、古野中尉の三艇と、広尾、酒巻、伴少尉の三艇で、松尾、神田の両中尉は真珠湾の状況視察のため不在、この訓練には参加していない。初日と二日目は三艇ずつに分けた湾口侵入訓練、三日目と最終日は六艇による港湾侵入と大島一周訓練であり、初日座礁した講習員にも自信を持たせて、平城湾における訓練は終了した。

帰路の訓練は一一月三日二四時平城湾を出港、郡中（愛媛県中北部。伊予市の中心地区）沖に回航、翌四日午前郡中着、着底（敵の爆雷攻撃を避けて海底に沈座すること）訓練。一四時郡中沖発、柱島に回航（この区間は甲標的を「千代田」に搭載）。柱島沖で甲標的は一八時四〇分頃「千代田」から泛水《へんすい》して夜間航行訓練のため出発。「千代田」は一九時一〇分頃出港して共に宮島沖に回航。途中、甲島《かぶとしま》付近で「千代田」は甲標的を追い抜き、那沙美水道通過、津久根島西方に投錨、二一時三〇分頃到着した甲標的を収容した。五日、宮島参詣、一四時過ぎ呉に帰着。七日、背負潜水艦（以下「母潜」）からの離脱作業を実施。九日、「千代田」にて送別会。一〇日、退艦記念撮影、送別小宴会、「千代田」を退艦。各自、それぞれの潜水艦に配乗となっている。

〈上〉特殊潜航艇「甲標的」。写真は初期の甲型。少尉に任官した酒巻は水上機母艦「千代田」に乗り組み、甲標的の第二次講習員として極秘の訓練に取り組んだ。第一次講習員だった岩佐直治中尉〈左〉たちが教官であった

甲標的甲型

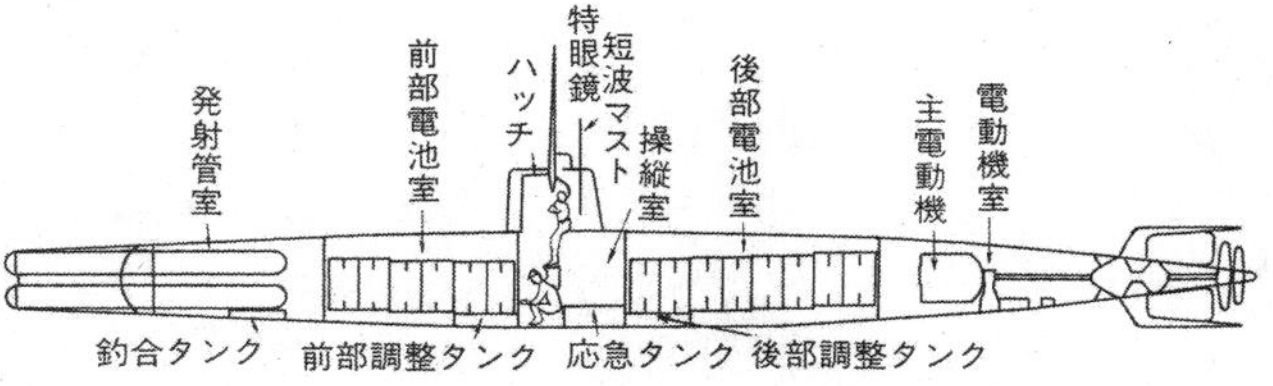

――『特別攻撃隊』特攻隊慰霊顕彰会編より

甲標的の真珠湾侵入訓練地要図 (昭和16年10月31日~11月5日)

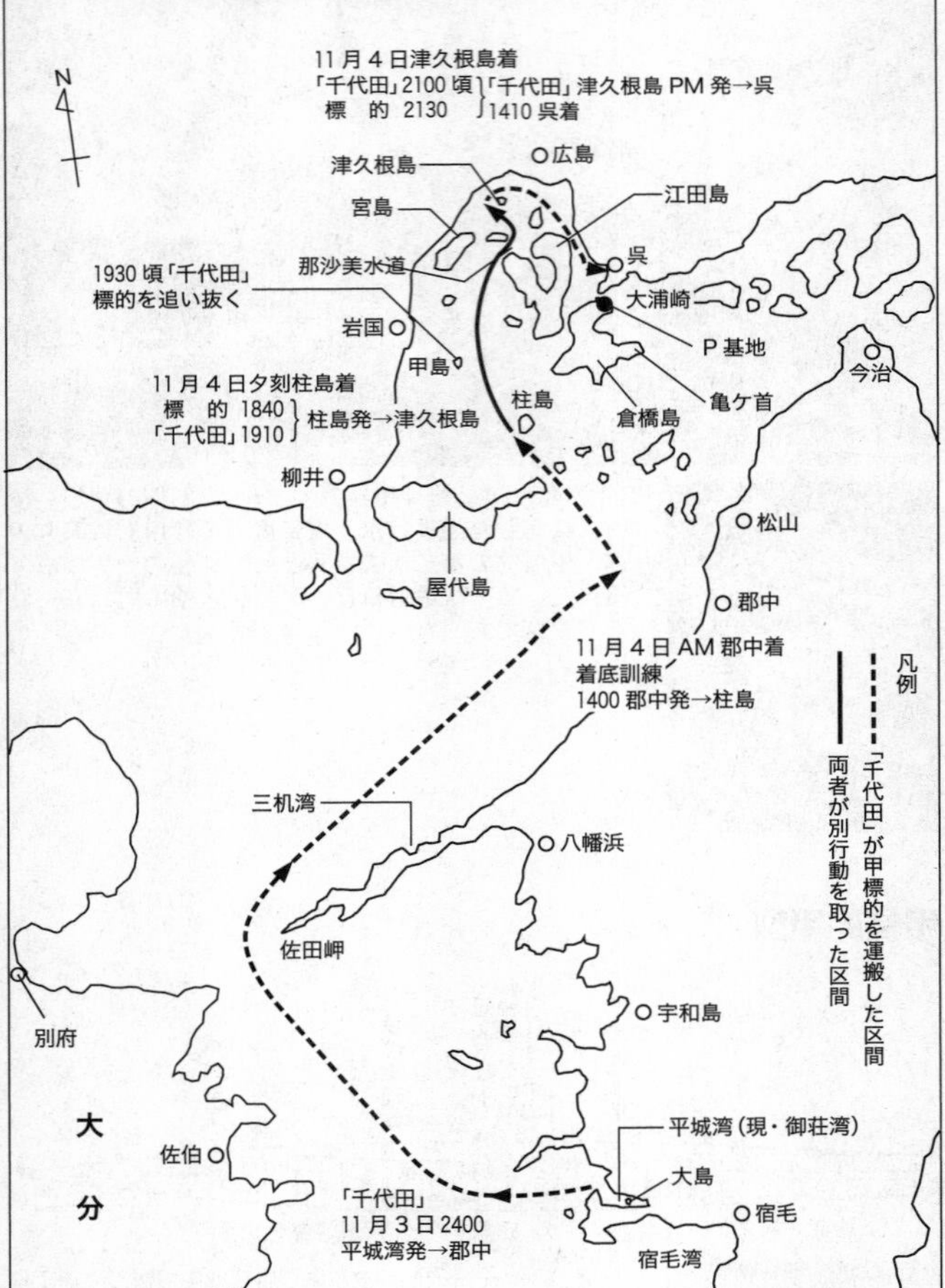

昭和16年夏、三机の若宮旅館でくつろぐ特殊潜航艇講習員。中央手前は神田少尉、その後ろが酒巻少尉、右端が横山中尉〔提供：酒巻潔氏〕

〈上〉水上機母艦「千代田」。本艦は密かに特殊潜航艇母艦として甲標的12隻を搭載、艦尾の扉から発進させられるよう改造工事が実施された。〈左〉甲標的の育ての親ともいえる「千代田」艦長・原田覚大佐

第五章　真珠湾攻撃

出撃準備

一〇月中旬、真珠湾攻撃に甲標的の参加が決定したので、母潜についても具体的に検討され始めた。開戦を一二月上旬とすれば、訓練とハワイ海域進出に約一ヵ月を見積もると、遅くとも一一月一〇日頃までには必要数の母潜に甲標的を搭載する改造工事を完了し、発進試験を終了する必要があった。

母潜には第一潜水戦隊所属の巡潜型潜水艦で小型水偵の格納庫のない五隻（「伊一六」、「伊一八」、「伊二〇」、「伊二二」、「伊二四」）が最終的に選ばれたが、「伊二四」については この一〇月三一日に竣工である。軍令部と艦隊から参謀が来て、同艦をハワイ作戦に参加させるか否かについて意見が分かれた。

周知の通り、潜水艦は非常に精密な機械を集めたもので、でき上がって直ぐ戦地に行くということは極めて危険である。山本長官は、訓練未熟な「伊二四」が行って、途中で故障を起こしてアメリカ軍に見つかってはいけないから抜け、という。ところが軍令部では甲標的を五隻にするか、四隻にするかということは大変な違いがあるという訳で、「伊二四」も出せという。

結局、最後は艦長の所信に任せることになり、乗組員がこの千載一遇の好機を逸してはならぬ、是非行かせてくれと艦長にお願いし、無理をして行ったという裏話がある。

甲標的と母潜の改造

甲標的には港口侵入の際に防潜網を切断して通過するため、艇首にネット・カッターや橇《そり》の取り付け、母潜との連絡用電話回線の新設、長期間の行動、それも港湾侵入時には頻繁に細かい操舵をするために大量の空気を必要とすることを想定して、一部の電池を取り卸して操舵用空気ボンベを追加し、更に、万一の場合も考慮して自爆装置も搭載された。また、母潜には甲標的搭載用の架台と緊締《きんてい》バンドが取り付けられた。

「伊二四」は酒巻艇を搭載してハワイに出撃することになるのであるが、同艦の艤装員で、後日、水雷長兼先任将校になる橋本以行《もちつら》大尉（五九期。原爆をテニアン島に輸送した米重巡「インディアナポリス」（CA－35）を終戦間際にグアム―レイテ航路海域において撃沈したことで有名）は、出撃前の慌ただしい状況を次の通り回想している。

「伊二四」は、昭和一六年一〇月三一日、佐世保海軍工廠において竣工。いよいよ艦隊に編入するというとき、急遽一〇日間で「筒搭載装置をつけろ」という軍令部からの極秘命令が来た。工廠側も、筒搭載装置なるものは何だかさっぱり分らない。それを緊急工事で追加して予定通り一〇日間で完了、佐世保を出たのが一一月一一日。途中で試験潜航をすると三度目にやっと満足に潜航ができたという不成績。

一三日呉に入港。直ちに第一水雷戦隊に編入、第三潜水隊司令佐々木半九大佐（四五期）の指揮下に入り、「出撃準備」の命を受けた。艦長の花房博志中佐（五一期）は、連日重要会議のため水交社に行く。出撃準備について直接責任を負う先任将校橋本大尉の苦労は筆舌に尽くし難いものがあった。

情報不足に悩まされ、僚艦がする通りに魚雷や砲弾、糧食、防寒具や海図などなど、種々の物品を手あたり次第搭載した。艦長に聞いても分らぬこともある。ひたすら僚艦の真似をする以外に方法がない。伊号の大型巡潜でも三ヵ月分の糧食となれば入れる場所がない。通路上に缶詰を並べ、その上に板を敷いて板の上を歩く。米俵の上にベッドを作って、糧食に埋もれて寝る、といった有様である。

最後の帰省

甲標的の搭乗員、酒巻和男少尉と稲垣清二等兵曹も一三日には着任したが、この大混乱でごった返している中では、ゆっくりと話をする暇もない。彼らは一一月一〇日「千代田」を退艦してから本艦に着任するまでの間に、一泊の帰省休暇を取ったと思われる。

このときの帰省について、令弟の松原伸夫氏に何かご記憶にないかとお尋ねしたところ、それまでに酒巻が帰省した生徒時代の休暇については、近所への挨拶廻りに同伴したり、いろいろと遊んでもらったりしたので記憶にあるが、このときのことはまったくご記憶にないとのことである。

しかし、後年、近所の方から、それまでの帰省時とは違って、このときは近所全戸に挨拶廻りした。また四歳年長の令兄喜久男氏からお聞きになった所では、流石は女親の勘。母堂は普段の帰省時と違うのを感じ取って、いろいろと問いかけられたようであるが、酒巻は「変わったことないですよ……」と何も話さなかったとのことである。

呉に帰るとき、酒巻は見送りを断ったが、母堂は「どうしても……」といって岩津の渡し場まで見送られた。母堂は酒巻の変わったことはないという返事に納得されず、道すがら繰り返して同じような問いかけをされたが、酒巻は「もう、えいけん（よろしいから）」といって断ったという。

これには一寸した裏話がある。周知の通り、ハワイ作戦は奇襲が大前提だったので、作戦が事前にアメリカ側に洩れることが絶対あってはならなかった。酒巻たち特別攻撃隊員の退艦に先立ち、「千代田」艦長原田大佐は総員に次のように注意をしている。「両親には親切に敬愛すること。家族には会うこと。しかし、決して誰にも部内活動については知らせぬこと。家族や友人に何か重大なことが起きるのではと疑わせるような言動は厳に慎むこと。個人的な用事の始末をつけ、未始末な用事や心配事を残したままで帰艦しないこと。最後の別れという印象も与えないこと」、などなど。

母堂から問いかけられても、それにまともに答えることのできなかったときの酒巻の苦衷は、重大な事情があったとはいえ、察するに余りあるものがある。

「格納筒」の搭載と編成

酒巻たちが着任したので、呉の亀ヶ首で「格納筒」という乗組員にとっては得体の知れない物件を搭載し、「発進訓練」なるものを一回実施した。帰途、数回潜航訓練も実施したが、総員配置でやっと潜れる練度である。しかし、最早、出撃までに訓練のために残された時間はない。

呉に戻って工廠の岸壁に係留すると、潜舵（水平舵。潜航中の艦を所望の深度に保持する舵）の下から多量の気泡が噴出している。すわ一大事とばかりに調べてみると、メイン・タンクの鋲が打ち込まれていない。そこから海水がタンク内に流入して泡を吹きだしているのだ。工廠に連絡し、大至急鋲を打ち込んでもらう。新造艦には、思いもよらぬ不具合があるものである。

一〇月一七日、出撃の前夜、水交社で潜水艦艦長、士官、特別攻撃隊士官だけの集会があった。その席上で、最後の引揚船「大洋丸」で帰国したばかりの真珠湾事前偵察員・前島中佐からハワイの近況、特に真珠湾附近について話があった。アメリカ太平洋艦隊の根拠地である真珠湾に甲標的を背負っての出撃――千載一遇の檜舞台と感激した。しかし、艦《ふね》は慣らし運転が終わっていない。乗組員同士の熟知度や乗組員の艦に対する慣熟度もゼロに近く、また訓練不足である。不安の種は尽きなかったが、出撃は翌一一月一八日と決まった。夕刻、亀ヶ首で甲標的を搭載し、宵闇を待ってハワイに向けて出撃するのだ。

この夜、酒巻と広尾は二人きりで呉の街を歩いた。レス（料亭、料理屋。レストランから）の前を素通りし、営業を終えて閉まっている店の戸を叩き香水を求めた。これには討ち死を覚悟して、出陣の前に兜に伽羅《きやら》の香を焚《た》き染《し》めたという古《いにしえ》の若武者の心意気に相通ずるものを感じる。こうして彼らは夜の更ける呉の街に別れを告げたのである。

第一次特別攻撃隊の編成は、次の通りである。搭乗員は一一月一〇日付で「千代田」を退艦し、各潜水艦に配乗されている。指揮官の佐々木大佐は「伊二二」に座乗した。

指揮官　佐々木半九大佐（第三潜水戦隊司令）

潜水艦	艦長	甲標的搭乗員
「伊一六」	山田　薫　中佐	艇長　横山　正治中尉
		艇付　上田　定　二等兵曹
「伊一八」	大谷　清教中佐	艇長　古野　繁美中尉
		艇付　横山　薫範一等兵曹

「伊二〇」　山田　隆　中佐　艇長　広尾　彰　少尉
　　　　　　　　　　　　　艇付　片山　義雄二等兵曹
「伊二二」　揚田　清猪中佐　艇長　岩佐　直治大尉
　　　　　　　　　　　　　艇付　佐々木直吉一等兵曹
「伊二四」　花房　博志中佐　艇長　酒巻　和男少尉
　　　　　　　　　　　　　艇付　稲垣　清　二等兵曹
指揮官付（予備艇長）：松尾敬宇中尉
各艦に甲標的整備のため下士官二名配乗

内地出撃

五隻の潜水艦で編成された第一次特別攻撃隊は、関係者の昼夜兼行の懸命な努力により、制限期日ぎりぎりの一八日夕刻亀ケ首において甲標的を母潜に搭載し、宵闇を待って隠密裏に出撃した。「千代田」艦長原田大佐は、手塩に掛けた講習員が壮途に就くのを見送っている。

これに先立って一一月一六日、先遣部隊の第二潜水戦隊六隻が横須賀から出撃し、ミッドウェーの飛行哨戒圏内（六〇〇浬）を避けて北側に迂回したコースを経由してハワイに進撃したのを皮切りに、一一月二一日、第一潜水戦隊四隻がこれに続き、一一月二三日、第三潜水部隊八隻はクエゼリン（マーシャル諸島）から出撃、これもミッドウェーの飛行哨戒圏内を避けて南側に迂回したコースを経由してハワイに進撃した。諸準備のため出撃の遅れた特別攻撃隊は、ミッドウェーの飛行哨戒圏内を通過して、日本とハワイを結ぶ最短距離を一路ハワイに向けて進撃した。

このときの命令は「特別攻撃隊ハ隠密裏ニ真珠湾港外ニ進出シ開戦劈頭機動部隊ノ空襲ニ策応シ格納筒ニ依ル港内奇襲ヲ敢行スルト共ニ港外ノ監視ヲ厳ニシ敵ヲ邀撃撃滅セントス」とあった。また、細部実施計画（二）には、「（X－二）日日没までに真珠湾入口の一〇〇浬圏に達し、特潜の最後の整備を行ない、（X－一）日一三〇〇（現地の日没）後真珠湾の一八浬圏を通り所定の配置につき、湾口を確認の上、特潜を発進する」となっていた。

第一次特別攻撃隊は、夜陰に紛れて伊予灘を通り、佐田岬を掠めて豊後水道から太平洋に抜け、ハワイまでの約三八〇〇浬の行程を二〇浬間隔で散開、進撃した。豊後水道では商船と思しき灯火が雁行《がんこう》して離れないので、万一搭載物件が露見するのを懸念して潜航したが、朝になってみると空母だったという一幕もあった。土佐沖では

「三直潜航」訓練を始めた。その後、毎日三回潜航して、「三直」で急速潜航ができるようになるまで本格的に訓練した。

一一月二〇日午後、小笠原群島《ママ》が水平線の彼方に消えようとするとき、酒巻は思わず島影に敬礼した。それは、「日本の発展と日本を守るため、俺はやるぞー、例え真珠湾の藻屑となろうとも」というファイトの現われと、「日本よ、さようーなら。さようーなら。何時までも栄光あれ」と祖国に最後の別れを告げる万感胸に迫った敬礼でもあったという。

困難だった航海中の甲標的整備

「伊一六」山田艦長の日誌によれば、天候は悪く、全行程を通じて平均風速一七～一八メートル、風向北東の向かい波になり、うねりは長大で高く（長さ一〇〇メートル、高さ一〇メートル）、甲標的の整備を困難にした。

当時は母潜と甲標的の間に交通筒がなく、母潜から甲標的に移動する場合、またはその逆の場合も、その都度母潜は浮上しなければならず、海が荒れていれば大波にさらわれる恐れもあった。

しかし、甲標的の手入れ——充電、空気の補充、発射管の手入れなどは毎日欠かせない。波を背後から受けるように変針すれば波にさらわれることもなく仕事も楽になるが、目的地のハワイから遠ざかることになり、一二月七日の夜には真珠湾港外に到着しなければならない艦長の嫌うところとなる。命綱を腰に巻き付けても、太平洋の怒涛にさらわれかけた者もいた程である。

また、高速では艦橋が終始波を被って見張りもできない状況になり、止むを得ず減速したこともあった。ミッドウェーの飛行哨戒圏内は、昼間潜航（速度四ノット）夜間浮上航行（一四ノット）を実施。

全期間を通じて三〇メートルの潜航深度において左右四～五度のローリング、露頂深度（一八メートル付近）の保持は極めて困難。しかも高波のため潜望鏡視界が狭小になるという劣悪な状況であったが、細部実施計画通り一二月六日の日没時（現地時間一七二〇）、五隻とも真珠湾から約一〇〇浬圏内の地点に到達した。

それまでの間に、「伊二四」では空気手による重要事項の連絡不十分のため、肝心なときにメイン・タンクのブロー弁が開かず、耐圧深度の一〇〇メートルを超えるまで沈下したが、ハンドルで強引に弁を開いて高圧空気をタンクに送り、辛うじて危機を脱したという事件も起きている。もし、あのまま沈下を続ければ水圧で船体がヒシヤゲてしまう。誰一人知る人もなく太平洋の海底深く消え去るという危機に瀕していたのである。

開戦を命令するかの有名な「新高山登レ一二〇八《ヒトフタマルハチ》」（「一二月八日午前零時以後開戦状態ニ入リ各部隊ハ予定ニ基キ作戦ヲ開始セヨ」）の電文注は、一二月二日一五時に呉在泊中の旗艦「長門」から送信され、「伊二四」が受信したのは、行程の約四分の三を進撃した一二月三日の夜であった。艦長は、直ちに総員にこの電文を伝達したことであろう。

内地から出撃以来、敵の飛行哨戒圏内を潜り抜けて怒涛逆巻く太平洋を横断し、甲標的を発進させるまでの各艦長や乗組員の苦労は並大抵のものではなかったと思われるが、甲標的に相当の故障を生じていたことも事実であった。ここで甲標的の最後の点検並びに整備が行なわれた。

酒巻は七四期の「丸の内水曜会」（昭和六一年一一月第二二回例会）の講話で、「一二月六日、私のジャイロ・コンパスが全然動かなくなりました」と話しているので、このとき、ジャイロの不作動を知ったと思われる。

注：この電文は、呉在泊中の旗艦「長門」からは一二月二日一五時に送信されたが、呉通信隊―東京通信隊―依佐美《よさみ》通信所経由で、潜水艦が潜航中であっても受信できるよう一七・五KCの超長波で送

信された。各通信隊／所において暗号の組立てと解読作業も必要なので、潜水艦が受信するまでに遅延を生じた。

開戦直前——一二月五日～七日早朝（ハワイ現地時間注）

その後の行動は、翌六日、母潜五隻は日没（一七二〇）後に真珠湾の一八浬圏内を通過して湾口を確認後所定の位置につき、七日早朝、甲標的を発進させる。湾内突入の順序は「伊一六（横山）」、「伊二〇（広尾）」、「伊二四（酒巻）」、「伊一八（古野）」、「伊二二（岩佐）」とし、間隔は三〇分。最後の標的が日出一時間前（〇五二七）に湾口を通過するように行動。湾内侵入後、攻撃に転じる時期は第一次空襲後とするが、艇長の判断により日没後でもよい。攻撃終了後、フォード島を左に見て湾内を一巡後、脱出する。母艦は日没後ラナイ島西方七浬を中心として浮上待機する。第一日に収容不能の場合は、翌日「伊一六」と「伊二〇」はラナイ島西方、他の三隻は同島南方一〇浬に配備し、標的の収容に務める、という計画であった。

注：日本軍はどの地域においても常時「日本標準時」を使用したが、現地では時差（生活時間のズレ）のため混乱が生じる。従って、今後使用する時間は、特に断りのない限り、「現地時間」に統一する。当時の日本とハワイの時差は四時間三〇分で、日付は一日遅れる。なお、戦闘行動中の時刻は四桁

の数字で示す。例：〇五〇〇は午前五時である。

特別攻撃隊戦闘詳報によれば、各母艦は六日二三〇〇頃真珠湾の一八浬圏内に到達し、翌七日早朝、各標的を発進させている。なお、「伊二四」は、浮上した状態でオアフ島に向けて東進したと思われる。

アメリカ軍がワイマナロ湾で遺棄された酒巻艇から押収した重油と海水に汚染されて黒ずんだと思われる「襲撃記録」と書かれた読み辛いメモを、その訳文と比較しながら判読すると、次の通りである。

一二月六日（襲撃記録。注：戦闘詳報と重複する個所は省略）
一七三〇：筒[注]最終作業ヲ終へ（母潜に）搭乗ス　波（判読不能）
一九三〇：オワフ島《ママ》発見　無線通信所赤灯（判読不能）光芒ヲ発見　L二〇度
　本艦九〇度（注：東進中）
二〇四五：Barbers Pt. Lt ノ実光ヲ認ム　L四〇度
二二三〇：潜水スd二五（注：深度二五メートル）
二二四五：情報ニ依レバ五日現在港内船次ノ如シ
　戦艦五、軽巡三、（以下省略）

十二月七日（戦闘詳報）

〇二〇〇：（真珠湾口の南に最接近した時点で）縦舵（普通の船と同様に進行方向を維持したり変えたりする舵）モーター発動ノタメ一八〇度ニ変針　ソノママ真珠湾カラ遠ザカル

〇三三三：甲標的発進

注："tube"と訳し、その後に（TN: midget sub?）と訳注が付いている。

酒巻艇ジャイロ不作動のまま発進

以上から、「伊二四」では前日に引き続き、六日の日没直前までジャイロの整備を行なったものと思われる。このときの状況を「手記」から要約する。「母潜の部屋に戻り、整備日誌に最後の記録を綴った。いくら整備してもジャイロが動かないことである。殆ど水上航走を許されない甲標的にはジャイロこそ命の綱であり、ジャイロなしの出撃は常識では考えられないし、出撃しても、それは直ちに不成功と死を意味した。今になって故障するとは悔いても余りある。『艇長、すみません』とジャイロ整備員の吉本兵曹が悲しそうに俯《うつむ》いていった。しかし私は『なあに、どうにかなるよ。心配ないよ』と答えた。すごすごと帰る吉本を見送って整備日誌を書き終えると、何か取り返しのつかない大きな過ちを犯したような気持ちが湧いて来た。そして、机に向かったまま考え込んでしまった」と述べている。さもありなん。この場合、ジャイロの不作動は、「どうにかなるよ」では済まされない攻撃の成否、ひいては搭乗員の生死にかかわる大問題であったはずである。

前出の山本中尉（二年前、遠洋航海でハワイを訪問）は、「艦長は酒巻君を呼んで『出るかどうか』といったところが彼は『自分は出ようと思う』というから私もその方がよかろうと賛成した。すでに戦争が始まって何回目か（の出撃）ならば、（敵が警戒しているので）やめて再挙を図った方がよい。しかし開戦になっていないのだから、潜望鏡を出しても（湾内に）入れるかもわからない。折角ここまで来たのだから、行く方に俺も賛成だ。その代り俺は入口を見てきたのだから、ちゃんと入口が分るところまで行って、教えてやるからといって入口の見えるところまで近づき、地形を指しながらいろいろ説明した」と証言している。

前述の「〇二〇〇：（真珠湾の南方に最接近した時点で）縦舵モーター発動ノタメ一八〇度ニ変針　ソノママ真珠湾カラ遠ザカル」というのが、このときであろう。「手記」には「真珠湾口が大きく潜望鏡に現われる。赤や緑の灯が不思議に鮮やかに見える。微かに空をぼかしている街の灯、静かに眠っている黒いオアフ島の山、すべてが平和な、静かな、ハワイの夜景である」と湾口を確認したことが分る。

その後、「伊二四」では香水（出撃前夜、酒巻が呉で購入）の香漂う搭乗服に身を固め、白鉢巻を締めた酒巻と稲垣が諸準備を終え、別離の挨拶のため司令塔に上がって来た。艦長は、大きく吐息し、静かに、しかし力を込めて「酒巻少尉。ジャイロがダメになっているがどうするか」と最後の念押しをした。今更どうするかと問われても、彼の覚悟はすでに決まっていた。「艦長、行きます」と艦長の憂慮を吹き飛ばしたいと思いながら、力と熱を込めて答えたという。

橋本大尉は、「左手にサイダー[注]や弁当を持ち、右手で我々と最後の握手を交わして酒巻少尉は落ち着いた後姿をみせて艦橋に登って行った」と、その著『伊五八潜帰投せり』に書いている。

注：このサイダー瓶は、アメリカ軍が酒巻艇から押収した糧食を撮影した写真の中に写っている。王冠は付いたままである。

開戦

各標的は、開戦予定時刻（七日〇四三〇）の数時間前、順次発進して行った。彼らには機動部隊の攻撃に先立って、敵に発見されないように行動することが厳重に申し渡されていた。

当初の計画では発進順位が「伊一六」、「伊二〇」、「伊二四」、「伊一八」、「伊二二」であったが、「伊二〇」広尾艇の発進遅延（理由不詳）のため、予定が変更されて酒巻艇が殿《しんがり》になった。他の四隻の発進時刻と真珠湾口からの地点は、次の通りである。

母潜	甲標的	発進時刻	方位	距離
「伊一六」	横山艇	〇〇四二	二一二度	七浬
「伊二二」	岩佐艇	〇一一六	一七一度	九浬
「伊一八」	古野艇	〇二一五	一五〇度	一二・六浬
「伊二〇」	広尾艇	〇二五七	一五一度	五・三浬

話が横道に逸れるが、酒巻のようにジャイロ不良で発進するか否かという土壇場に立たされた場合、「どうするか」と尋ねられれば、当時の日本の若者は相当にムリと分っていても、「行きます」というのが普通であったと思う。

何かで読んだが、だから艦長は「どうするか」と尋ねるのではなく、「ジャイロが不良だ。行くこと相ならぬ。再挙を図れ」というべきだったと批判していた。当時を振り返ってみると、筆者も、このような場合、「行きません」とか「止めます」という若者はいなかったと思う。

「後年、アッツ方面で、この第二四潜水艦と運命を共にした花房艦長（キスカ島補給作戦中の一九四三年六月一一日、アリューシャン列島のセミチ島付近においてアメリカ駆潜艇の攻撃を受け沈没）は、生前、これについてひどく心痛しておられた」と、橋本大尉は彼の著書に書いている。

酒巻艇発進

ドードロドロン。タンクのブロー音を残し、母潜はぶくっと浮上する。酒巻と稲垣は急いで甲標的に搭乗した。シュー、ブルブルッ。タンクへの注水音と共に、母潜はすーっと潜水して姿を消した。

最後まで母潜と繋がっていた電話でお互いに武運長久を祈る挨拶を交わし、電話回線はぷつんと切れた。時まさに一二月七日〇三三三、真珠湾口の二〇二度、一〇・五浬の地点であった。

酒巻艇はモーターを起動する。母潜は速度を上げ始め、最後の二本の緊締バンドがガタンという音と共に外れた。艇は母潜の進行方向と反対方向に躍進して潜航に移った。

しかし、躍進と同時に艇はもんどり打って傾斜した。ツリム（釣合）が大きく狂っていて、モーターを起動すると艇は海中から空中に跳び出した。即刻モーターを停止し、ツリムの修正作業に取りかかった。

計画では日出一時間前までに湾口を通過となっているが、とても間に合わない。艇の前部にある釣合タンク内の空気を抜いて注水し、人間一人がやっと潜り込める狭い電池室の中を腹這いになって艇の後部から前部に重い鉛塊バラストを移動するために悪戦苦闘した結果、ようやくツリムを正常の状態に復旧して潜航できるようになったが、時刻はすでに日出（〇六二七）を回っていた。

この悪戦苦闘中に、開戦予告電命「新高山登レ」に明示された運命の一二月八日零時（現地時間七日〇四三〇）は、とっくに過ぎていた。酒巻艇は四ノットの最微速で静かに湾口に向かって潜航を開始した。母潜から離脱して約三時間後である。

潜望鏡で目標の湾口を見定め、ジャイロなしに舵中央のままで一〇分くらい潜航した後深度を浅くして潜望鏡を上げて見ると、艇は盲目潜航の結果、見えるはずの湾口は見えず、九〇度も違った方向の海原に向かって進んでいた。潜望鏡露頂航走で正しい方向の維持はできるが、潜望鏡の切る波やその航跡で敵に発見される恐れがある。可及的速やかに湾口に辿り着きたいという焦燥感に駆られながら、幾度も方向変換して潜航を続けた。

古野艇と広尾艇

当時、ハワイ諸島は真珠湾に司令部を置く第一四海軍区の管轄下にあり、その所属部隊の任務は(一)同海軍区掃海隊による湾口掃海、(二)同海軍区に配備された四隻の旧式駆逐艦による湾口から沖合一〇浬の範囲の哨戒、そして(三)フォード島の第一四海軍航空隊隷下《れいか》の哨戒飛行群によるオアフ島南の訓練区域の対潜哨戒、艦船の真珠湾口出入時の護衛と日常定時哨戒であった。

さらに真珠湾を基地とするアメリカ太平洋艦隊では、ハワイ諸島に対する奇襲攻撃が迫った場合、総員が戦闘配置に就く「第三警戒法」が施行されることになっていた。

このような情勢において、一九四一年一二月六日(土)の開戦前夜、哨戒任務に就いていたのは駆逐艦「ワード」(DD-139)一隻のみである。

○三三〇：「ワード」哨戒任務の最終針路を取りながら湾口に向かう。

○三四二：特設掃海艇「コンドル」(AMC-14)予定の日常掃海作業を終了し、湾口の防潜網に向けて航行中、〇三五〇防潜網より一・五浬沖合で潜望鏡らしき物体を発見。「取舵一杯」で衝突を回避。潜望鏡も海中に消える。

○三五七：「コンドル」、「ワード」に「西進スル潜航中ノ潜水艦ラシキ物体ヲ発見。速力九ノット」と発光信号で通報。「ワード」は直ちに「総員配置」を下令、湾口の南西海域を反復捜索。

○四三八〜○四四八：防潜網開放。

○四四八以降：「コンドル」の発見した潜水艦（横山艇）が湾口を通過。岩佐艇も「ワード」が横山艇を反復捜索中のため手薄になった中央水道（湾口沖の浮標の間）を一気に潜航突破、○五○○過ぎに防潜網の開いた湾口の通過に成功したと思われる。

○五○○頃：「ワード」付近海域を約一時間捜索したが推進器音を探知できず。「総員配置」を解く。

○五三二：掃海艇「クロスビル」（AMC－9）と「コンドル」の二隻　湾口を通過、出入口水道に入る。

○六三○：「ワード」入港のため防潜網沖合一浬を航行中。特務艦「アンタレス」（AG－19）も艀《はしけ》を曳航して「ワード」の右舷前方を真珠湾に向けて航行中、その右舷後方一五○○ヤードに怪物体を発見。「ワード」に「ワレ怪潜ノ追尾ヲ受ケツツアリ」と発光信号で通報。

○六三三：ＰＢＹカタリナ飛行艇三機（○六二七カネオヘ海軍航空隊基地を離水）が「アンタレス」の航跡に隠れ司令塔を水面上に出して航行中の潜水艦（横山・岩佐・酒巻艇以外）を発見。

○六三七～○六四五：「ワード」操舵手も「アンタレス」の曳航索附近の波間に見え隠れする黒い物体を発見、潜水艦と判断。当直士官は「艦長、艦橋へ」と連絡。数分後に二度目の「総員配置」と、「取舵一杯、前進全速、砲戦用意」が続けざまに下令、「ワード」は五ノットから二五ノットに増速。一〇〇ヤードの近距離から艦首の第一主砲を発射（太平洋戦争のアメリカ側第一弾）したが、砲弾は潜水艦の司令塔の直上を通過、命中せず。目標と五〇ヤード以下の距離で並航したときに第三主砲発射。砲弾が船体と司令塔の継目に命中直後に潜水艦は右舷側に傾き、速度が落ちて沈み始め、深度一〇〇フィートにセットした四発の爆雷弾幕の直上を通過。爆雷が炸裂した付近の海面には夥しい油膜が浮上。

○六四〇：ＰＢＹ発煙弾を投下、「ワード」に潜水艦の存在を警告。撃沈時刻を○六四五と記録。

○六四五：「ワード」第一四海軍区司令部に「ワレ防衛海域ニテ行動中ノ潜水艦ヲ砲撃、爆雷攻撃ニヨリ撃沈」と音声送信にて報告。撃沈地点はダイアモンド・ヘッドとバーバーズ・ポイントを結ぶ線上、湾口入口西側のケアヒ岬沖合である。従来、この海域ではクジラや流木などによる潜水艦に関する誤報がしばしば通報されていたため、その内容の重要性が認識されず、司令部への緊急報告が大幅に遅延し、日本軍の奇襲を許した。

○七〇六：「ワード」聴音探知した潜水艦に爆雷五発を投下後、艦尾から三〇〇ヤードに黒い気泡を認めて一隻撃沈と報告したが、当時、この戦果は未確認として取り扱われた。しかし、一九六〇（昭和三五）年六月、ケーヒ環礁（真珠湾口から一・六キロ東）の外側で甲標的が発見された。同艇は引き揚げられて現在江田島の海上自衛隊第一術科学校で展示されている（古野艇、または広尾艇のいずれかは不明）。

岩佐艇と横山艇

真珠湾内に侵入した岩佐艇と横山艇の戦闘状況は、両艇の攻撃に関与したアメリカ艦艇の戦闘詳報によれば、次の通りである。

〈岩佐艇〉

◇駆逐艦「モナハン」（ＤＤ－３５４）

一九四一年一二月七日朝、本艦はハワイ準州真珠湾のX－14停泊位置にて当直駆逐艦として航行一時間待機状態で第二駆逐戦隊の僚艦と共に艦首を〇二五度に向けて繋留中。
○七五二：第一四海軍区司令官から防衛海域に赴き駆逐艦「ワード」と連絡せよとの命令を受領、直ちに出動準備に取りかかる。
○七五五：日本機が真珠湾内の艦船を雷・爆撃しているのを望見。
○八〇〇：警報が鳴り響き「総員配置ニ付ケ」が下令。ほぼ同時に機関長は緊急出動のため全ボイラー圧を上げよとの命令を受領。射撃可能になれば直ちに射撃を開始せよと下令されたが、主砲や揚弾機の電力がなく、射撃開始までに約一五分を要す。
○八一四：敵水平爆撃機を五インチ砲と機銃で射撃開始。
○八二七：軽巡「デトロイト」（CL－8）から「『モナハン』ハ出港シテ北水道経由デ真珠湾カラ出撃セヨ」との命令に従い、泊地を離れて真珠湾から出撃のため北水道経由で航行を開始。ほぼ同時に第二駆逐戦隊は沖合哨戒に付けとの命令を隊内通信で受信。
○八三五：パール・シティに接近中、水上機母艦「カーチス」（AV－4）が「敵潜水艦存在」の信号旗を掲揚しているとの報告あり。そのほぼ直後、艦橋の艦長や当直員が「カーチス」の約二〇〇～三〇〇ヤード右舷後半部に潜水艦の司令塔を発見。それを「カーチス」の五インチ砲と機銃、水上機母艦「タンジール」（AV－8）の機銃が激しく射撃中。

○八三七：「前進、最大戦速」が下令され、「本艦ハ体当リスル」との伝達あり。このときの潜水艦までの距離は約一〇〇〇ヤード。操舵手は潜水艦に向かって直進するように命令され、彼は潜水艦を視認している旨を断言。

No・7ブイの前方に港内に向かう潜水艦を発見。方位二三〇度距離一二〇〇ヤード。潜水艦の潜望鏡と司令塔の一部が海面上に現われている。第二主砲から一発発射するも命中せず。本艦が敵潜水艦の七五ヤード以内に接近したとき、敵潜水艦は急速に本艦の艦首に向いて魚雷一本を発射。魚雷は二度ポーポイズ（イルカのように潜ったり跳ね上がったりする現象）し、本艦の右舷側から二〇～三〇ヤード離れて並走しながら通過。魚雷が高さ約二〇〇フィートの水柱を噴出しながら、真珠湾の北岸目がけて疾走するの目撃。

○八四三：艦橋にいた者の視界から敵潜水艦が消えたとき「衝撃ニ備ヘ」の命令あり。その直後、微かなショックを感じる。

敵潜水艦は斜めからの一撃を喰らって右舷側に沿って後方に滑り動き、その艦首はあたかも喘ぐかの如く海面上に出現。
○八四四：敵潜水艦が本艦の艦尾を通過したとき深度三〇フィートにセットした最初の爆雷が投下され、本艦の艦尾から五〇〜一〇〇ヤードで激しく爆発、爆発により潜水艦の艦首と上部構造物がその全貌を現わした。次の爆雷による効果は認められず。（中略）
○九〇八：入口ブイを通過、沖合哨戒の指定地点に向かう。
注：戦闘詳報の傍線部分は、「モナハン」副長と砲術長より艦長に宛てた報告書から抜粋、追加した。

◇水上機母艦「カーチス」（AV-4）
本艦はハワイ準州真珠湾のX-22停泊位置に繋留し、第三ボイラーに蒸気を発生させ、艦内閉鎖状態X（閉鎖）を実施中。
○七五〇〜〇八二五：この間の記述は、甲標的に対する攻撃とは直接の関係がないので割愛する。
○八三五：主機関をテスト。機関科出港準備完了。
○八三六：右舷後半部に潜望鏡を発見、距離七〇〇ヤード。五インチ砲に「潜水艦ヲ砲撃セヨ」と下令。第三主砲が発砲。初弾は目標を飛び越す。二発目はまともに潜望鏡のちょっと手前に着弾。第二主砲、砲撃開始。

○八四〇：潜水艦が浮上、司令塔と艦首部が現われる。潜水艦が北水道の駆逐艦目がけて魚雷発射したのを認める。第三主砲が発射した砲弾二発が潜水艦の司令塔に命中。

○八四二：「対潜水艦打方止メ」が下令。

○八四三：駆逐艦「モナハン」が潜水艦に爆雷二個を投下。気泡と重油油膜が海面上に出現。敵潜水艦は、完全に無力化されなかったとしても被害甚大と推測。

◇水上機母艦「タンジール」（AV－8）

本艦はフォード島の停泊位置F－10に艦首を二三〇度に向けて繋留中。標的艦「ユタ」は本艦の真後ろのF－11、軽巡「ローリー」もF－12に繋留中。

○七五五～〇八一一：この間の記述は、甲標的に対する攻撃とは直接の関係がないので割愛する。

○八二〇：太平洋艦隊司令部から受信した緊急通報に従い、本艦は出港準備を開始。

○八三〇：本艦、出港準備完了。第一波の敵機の激烈な攻撃は終了。本艦や他艦は高々度の敵機の編隊を射撃していたが、高角砲弾の炸裂は届かず、敵機に損傷を与えていないことが認められた。

○八三三：水道に敵潜水艦発見の報告を受信。

○八四三：敵潜水艦を右舷艦首方向に発見、距離約八〇〇ヤード。第一高角砲（三インチ五〇口径）で六発発射。水上機母艦「カーチス」も五インチ砲で潜水艦を砲撃中。

○八四四：駆逐艦「モナハン」が潜水艦に衝突しようとしていたので、「打方止メ」を下令。

○八四五：「モナハン」は潜水艦が発見された場所で同艦に激突。恐らく乗り切って爆雷二個を投下したものと思われる。私見ではあるが、「モナハン」艦長の優れた即応の行動は称賛に値する。

〈横山艇〉

◇軽巡「セント・ルイス」（CL‐49）

一九四一年一二月七日、本艦はハワイ準州真珠湾にある海軍工廠のB‐17停泊地で重巡「ホノルル」の外舷側に繋留していた。

○七五六～○九三〇：この間の記述は、甲標的に対する攻撃とは直接の関係がないので割愛する。
〇九三一：本艦はボイラー出力二九ノットの状態で停泊錨地を離れ、南側水道経由で外洋に乗り出す。
一〇〇四：ちょうど水道入口の内側（No・1、No・2ブイ）で、本艦からの距離一〇〇〇～二〇〇〇ヤード、右舷目がけて正面《まとも》に二本の魚雷が接近するのを発見。魚雷は本艦に命中する直前、浚渫《しゅんせつ》した水道の西側の暗礁に命中、炸裂した。本艦には損傷なし。雷跡の発生源には長さ約一八インチの濃い灰色の物体が海面上約八インチ、突出しているのを目撃。その物体は潜望鏡の渦流防止器の上部であることが明確になる。
一〇〇四～一〇〇七：この物体は右舷五インチ砲の砲火に曝され、最初の二斉射で命中弾があったと報告されているが、命中したかどうかは不明。敵潜水艦は瞬く間に（約三〇秒）視界から消えた。（後略）

永年、日本では岩佐艇と横山艇の二隻が真珠湾侵入に成功したと思われてきたが、最近のアメリカの海軍史および遺産管理司令部（Naval History & Heritage Command）の website 日本海軍の特殊潜航艇（Japanese Midget Submarine）によると、

「五隻の甲標的の内、少なくとも一隻（岩佐艇）が湾内への侵入に成功したが駆逐艦『モナハン』により撃沈された」とある。そして「今一隻（横山艇）については未だに行方不明」となっている。

いささか旧聞に属するが、一九九〇年代の終わりに四名の海洋科学捜査技術と画像化（Marine forensic & imaging）の専門家が一九四一年一二月七日、真珠湾上空で日本海軍雷撃機の搭乗員が撮影した写真を精密に分析した結果、空襲が行なわれている間に、甲標的は南東入江にあって戦艦「ウエスト・バージニア」（BB－48）に魚雷一本を発射した後、取舵を取ってから二本目を同「オクラホマ」（BB－37）目がけて発射、速度をあげて湾口に向かった。湾口まで三浬。防潜網が閉鎖されたのは〇八四〇～〇八四六である。四ノットでは四五分を要するが、若干の増速で脱出できた、と主張している。

しかし、彼らの主張は多くの議論の的になっている。残念ながら筆者には海洋科学捜査技術や映像化の知識は皆無であるが、もし、空襲開始直後の〇八〇〇頃、甲標的から二本の魚雷が「ウエスト・バージニア」と「オクラホマ」に向けて発射されたとするならば、一〇〇四、まさしく入口水道の内側で軽巡「セント・ルイス」の乗組員が同艦から一〇〇〇～二〇〇〇メートルの距離で発見した、同艦めがけて疾走してくる二本の雷跡はどのように解説すればいいのだろうか。この主張には多少の難点があるように思われる。

四隻の最期

湾口付近で「ワード」の砲撃と爆雷により最初に撃沈された甲標的（古野艇か広尾艇のいずれかは不明）は、二〇〇二年八月末、ハワイ海底調査研究所により真珠湾への入口から約五浬の深海で発見され、真珠湾国立歴史道標の構成部分の一つとして、発見された場所に保存されている。

ケーヒ環礁の外側で発見された甲標的（同上）は引き揚げられて現在江田島の海上自衛隊第一術科学校で展示されているのは、前述の通りである。なお、遺族の「今更乗組員を詮索《せんさく》する必要はない。九人全員の慰霊碑でいいのでは……」という意向もあり、海上自衛隊側も遺族の気持ちを汲んで調査を打ち切っている。

岩佐艇はアメリカ海軍が潜水艦基地の埠頭建設工事用の土砂を真珠湾の海底から採集中に発見されたが、損傷が激しかったため、丁重に搭乗員の慰霊祭を行なった後、遺体もそのまま工事の基礎固めに埋められた。軍服の階級章から岩佐艇（特別攻撃隊員の中で「大尉」は岩佐のみ）と特定したという。

五隻の甲標的のうち、母潜に無線連絡をして来たのは横山艇のみである。一二月七日二二四一、「イ一六」は「ワレ奇襲ニ成功セリ」、翌八日〇〇五一「航行不能」の特定略語らしきものを微かに受信している。その後は連絡途絶。ゴードン・プランゲ著『トラトラトラ』の中に、「……この艇（横山艇）が悲壮な最期を遂げたのは、攻撃三日後の水曜日である」との記述がある。現在に至るまで、横山艇のその後は謎のままである。

酒巻艇の航跡

酒巻艇の発進は〇三三三となっているが、前述の通り、実際に潜航を開始したのはその約三時間後の〇六三〇頃である。ジャイロ不良のため、酒巻は潜望鏡の露頂頻度を高めて湾口に向かった。距離は約一〇浬。

この日の朝、真珠湾内には大小九四隻の艦艇が在泊していたが、稼働していたのは後刻酒巻艇と遭遇することになる駆逐艦「ヘルム」（DD－388）一隻のみで、同艦は西側入江水道に入り、消磁気作業のためブイに向っていた。

〇七五七：停泊中の「チュウ」（DD－106）「総員配置」を下令。

〇七五九：「ヘルム」最初の敵機がフォード島を爆撃するのを目撃、「総員配置」を下令。
○八○○：「同右」敵機が南西方向から来襲して真珠湾に向かう。「ヘルム」も機銃掃射を受けたが命中弾なし。
○八○○～○八一○：「ヘルム」後進。西側入江水道を出て出入口水道を通過、湾口に向う。
○八○三：「チュウ」敵機に対し対空火器の射撃を開始、三機撃墜、うち二機不確実。
○八一三：「ヘルム」防潜網展張船の傍を通過。
○八一七：「同右」湾口の右側、No・1ブイの西北西一二○○ヤードに潜水艦を発見。
○八一八：「同右」湾口ブイを通過後二五ノットに増速、潜水艦に向け右大角度変針。
○八二○：「同右」トライポッド暗礁沖（湾口の南、一浬）の潜水艦を砲撃、命中せず。潜水艦は座礁している模様。砲撃続行中、○八二一潜水艦は岩礁から滑り落ちて潜航。
○八三○：「同右」潜水艦捜索のため、湾口沖合を針路と速度を変えて航行。
○八四○：「ワード」推進器音を探知し、爆雷二個を投下。戦果不詳（時間的に、これ以降の探知した推進器音に対する爆雷攻撃は、酒巻艇に対するものと考えられる）。
○八四○～○八四六：防潜網閉鎖。

○九○○：駆逐艦が巡洋艦に追従して真珠湾を出撃開始。
○九一五：「ヘルム」艦爆の攻撃を受ける。爆弾が右舷艦首から五○フィートと左舷艦首から二○フィートに落下、若干の被害があるも死傷者なし。
○九三四：空襲終止。
一○二○：「ワード」推進器音を探知、爆雷三個を投下。海面上に油膜を認め、その下方の音源目がけ、さらに二個を投下。音源は消滅。
一○二○：「チュウ」湾口ブイを通過、潜水艦を捜索。
一○三○：「同右」湾口ブイの一○○○ヤード西で推進器音を探知、爆雷一個を投下。爆発音を聞かず。
一一○○：「ヘルム」右舷後方○四五度方向に推進機音を探知。回頭して攻撃に向かうも接触を失う。爆雷は投下せず。
一一二七：「ワード」推進器音を探知、爆雷四個を投下。投下後、海面上に重油油膜を認める。
一一三○：「ヘルム」軽巡「デトロイト」の他三隻の軽巡に対する対潜防御位置に就く。針路二七○度、速度二五ノット。
一一四二：「チュウ」推進器音を探知、爆雷二個を投下。

一二一四：「同右」推進器音を探知、爆雷二個を投下。
一二四五：「ワード」哨戒任務を「チュウ」と交替し、湾口に向かう。
一五一五：「チュウ」推進器音を探知、爆雷四個を投下し、二個の爆発音を確認。

酒巻の「手記」には、出来事の時刻は書かれていない。二人乗りの甲標的に、この様な記録を求めるのは「無い物ねだり」であろう。従って、酒巻の足跡を辿る場合、アメリカ側の資料と照合ができず、推定せざるを得ないことも多々ある。

「手記」によれば、爆雷が幾度も投下され、そのうち至近距離は三回。その都度物凄い爆発音と共に艇体は大きく振動し、同時に身体が宙に浮き、突出した計器の並ぶ隔壁や艇座に嫌という程打ちつけられ、頭部を打って意識朦朧となっている。搭乗員服を着て飛行帽を被っていても、大して役に立たない。

また、繰り返し湾内への侵入を試みたが、その都度座礁し、おおわらわで艇を離礁させる。魚雷発射装置も最初の座礁時に一個、残りの一個も次の座礁時に損傷して発射不能になった。残された手段は体当りだが、与えられた目標は空母か戦艦であり、雑魚の駆逐艦ではない。

圧搾空気が漏れ、電池の有毒ガスも狭い艇内に充満し、気圧も二〇〇〇ミリ位まで上昇して人間の生存限界状態が続く。度重なる爆雷攻撃や座礁による湾内侵入の失敗のため、遂にたまりかねたように艇付の稲垣が真珠湾での攻撃を諦め、次に予定されているシンガポールで再挙を図りましょうと進言する。しかし酒巻は士官である。士官には士官の立場がある。

酒巻…「いや、俺は帰れん。今からまだやる」稲垣は頷《うなず》いたが、
稲垣…「今度失敗したらどうするのですか。シンガポールにしますか」という。

酒巻…「うん。止むを得ん。そうするか」と返事をして艇を回頭させ、今度は是が非でも侵入するぞと奮起して湾口に向かう。

しかし、またもや座礁して侵入に失敗し、遂にラナイ島西七浬の収容地点を目指すことになった。同島は真珠湾沖合から約五〇浬、速度八ノットで行けば六時間強の行程である。灯火管制のため灯り一つ点いていないオアフ島の黒い島影を左舷側に見ながら、針路を東に取ったのは、何時頃だったのか。

この頃、収容地点では作戦計画に従って五隻の母潜がお互いに艦影が見えるくらいまで接近して特別攻撃隊の帰りを今や遅しと待ち受けていたが、遂に一隻もその姿を見せなかったのである。

二日目も母潜は昼間は潜航、日没後計画に従ってそれぞれの地点で待機したが、ま

たもや一隻も帰らず。計画を一日延期して待ったが、甲標的の姿は現われなかったので、指揮官佐々木大佐は、遂に「収容ヲ断念シテ『クエゼリン』基地ニ帰投セヨ」と命じた。総員、後ろ髪を引かれる思いであったに違いない。

収容地点を目指す

話を酒巻艇に戻す。酒巻艇は薄暗い月光ママを浴びて不気味にそそり立つダイアモンド・ヘッドを左手に見ながらラナイ島に向かった。この夜の月出は二〇五九である。時刻は二三〇〇を回っていたのではないか。このときの状況を「手記」を参考にしながら再現してみたい。

早朝から二〇時間以上の悪戦苦闘の連続で心身共に疲労困憊《こんぱい》していた酒巻は、襲い来る睡魔と闘っているうちに人事不省に陥ったように寝込んでしまった。

ふと深い眠りから覚めると、些か元気を取り戻していた。月齢一九の更待月《ふけまちづき》の月明りを頼りに、艇は薄暗い海上を東に向けて走っていた。ココ・ヘッド沖合を通過し、針路を東南東に取れば約三五浬で収容地点に着ける。しかし、強い海流に流されたのであろうか。マカプー・ポイントに至る海岸線と並行に、東北東に進んでいたのである。

ハッチから流れて来る冷たい空気を吸いながら、胸のすくほど大きな深呼吸を続けて生きている喜びを噛みしめた。だが現実を直視すると、その喜びは跡形もなく消え去った。

任務を達成できず収容地点に向かう航海——それはあまりにも無情かつ不運な敗者の航海であった。何の顔《かんばせ》あって艦長や士官、乗組員に相まみえん。次はマカプー・ポイントからベローズ基地に至る海岸線に並行に、北西に押し流されたものと思われる。この時点から風波共に強くなる。波の飛沫が時々頬を濡らし、風も艇を傾けひやりとさせた。時刻は真夜中を過ぎ、後数時間で八日の夜明けになる頃であった。

酒巻たちが夜間の水上航走を体験したのは、約一ヵ月前、平城湾における最後の訓練を終えて呉に帰投するとき、柱島沖合から甲島経由で那沙美水道を通過して宮島の北東端にある津久根島までの約二五浬を三時間弱かけて航走しただけである。場所も正に兵学校の庭先で、しかも当時、この付近には陸軍の徴用船が多数仮泊していた。

それに比べて、収容地点までのこの航海は、航海に不可欠なジャイロは故障、初めて航海する未知の大海原、気象・海象の最新データもなく、しかも夜間という悪条件を勘案すると、決して容易なものではなかったことが想像される。

座礁、爆破を決意

やがて左舷前方に島影を認め、山と山の恰好からモロカイ島とラナイ島の間に来たと思われた。深い眠りに陥っている稲垣を揺さぶり起こし、陸上から収容地点に向かう要領を打合せ、母潜と合流する希望をもって月光に照らされた島陰を目指して進んで行った。

この頃、電力は急激に消失したのであろう。全速に切替えると物凄い振動と共に推進機が停止し、電池から白煙が上がり始めた。電池が放電し切ったのである。放電の極限には爆発する恐れがあると教えられていたが、なおも全速を掛けると、推進機はブルブルと空転した後停止した。

しばらくして再度全速を掛けると、艇は急に動き出し物凄い振動とガリガリという音を立てて座礁した。

最早電力なしでは離礁できない。機密保持のための自爆装置で艇を爆破して、陸上に逃げ込む決心をする。

東の空が白み、時刻はもう夜明けに近い。軍刀、拳銃、秒時計（ストップ・ウォッチ）、救命袴《ママ》、重要書類等の携行品は、陸地までの距離、海の荒れ模様等を勘案して艇と一緒に爆破することにしたのであろうか、実際に酒巻が携行したのは首に掛けた秒時計のみである。

愛艇を爆破して立ち去るのは惜別の情に堪えないが、周囲が明るくなればアメリカ軍に発見されるのは時間の問題である。稲垣を促して艇から退去する準備を終え、爆破薬の導火線に点火を命じた。

導火線がチョロチョロと燃えて行くのを確認し、退去を逡巡《しゅんじゅん》する稲垣を先に海中に跳び込ませ、酒巻もそれに続いた。

海水は思ったよりも冷たく（ハワイの冬場の平均海水温度は二三～二五度）、波は見た目よりも高かった。浜辺まで約二〇〇メートル《ママ》。疲れ切った身体は思うように動かず、荒波に翻弄《ほんろう》されて何度も溺れかけたが、その都度「死んでなるものか」と自分自身を励ました。

艇付との別れ

稲垣のことが気になり、夢中で「艇付、艇付」と呼ぶと、彼は一波か二波前を泳いでいて「艇長、ここです」と返事をしたが、彼も荒波に翻弄されて悪戦苦闘していた。「おーい、頑張れ。浜辺は近くだ」と叫んだが、声になったかどうか。そのうちに、稲垣[注]の姿を見失ってしまった。これが、苦労を共にしてきた彼との今生の別れになった。

浜辺は直ぐ目の前にあるのだが、泳いでも、泳いでも前進しない。跳び込んだときに岩礁で切った手足の傷の出血がなかなか止まらず、失血するのではと懸念した。しかし、大きな磯波にもまれているうちに、それも忘れてしまった。

もう駄目かと観念しかけたとき、ふと初心者の水練が脳裏にひらめき、手足をバタバタ動かすのを止め、仰向けになって浮身の姿勢を取った。身体が楽になり余裕ができると、今度は艇のことが気になった。跳び込んでからもう一〇分も経つと思われたが、まだ爆破音は聞えない。

心配になって艇に戻ろうかと考えたが、体力を完全に消耗していた。稲垣を見失ったことと爆破音が聞こえなかったことが気掛かりになったが、仰向けになっているうちに、何時しか意識が途絶え、夢うつつの状態で浜辺に磯波で打ち上げられたのであろう。

どのくらいの時間が経過したか分らない。何かにぶつかってヨロヨロと立ち上がった微かな記憶がある。そして、ハッとして急激に明瞭な意識を取り戻したとき、眼前には拳銃を持ったアメリカ兵が立っていた。

注：稲垣兵曹の遺体は、翌日、ベローズ基地の北側になるカイルワ海岸で発見された。その後、スコー

フィールド兵営（オアフ島中央部のワヒアワにある陸軍基地。アメリカ映画「ここより永遠《とわ》に」の舞台となる）に仮埋葬され、他の日本軍戦死者の遺体と一緒に荼毘《だび》に付して日本に返還されたと聞くが、日時、場所などの詳細は不明。

昭和16年11月10日、甲標的母艦「千代田」艦上の第一次特別攻撃隊ペア(前列が艇長、後列が艦付の兵曹)。左から広尾彰少尉と片山義雄二曹、横山正治中尉と上田定二曹、岩佐直治大尉と佐々木直吉一曹、古野繁実中尉と横山重範一曹、右端が酒巻和男少尉と稲垣清二曹

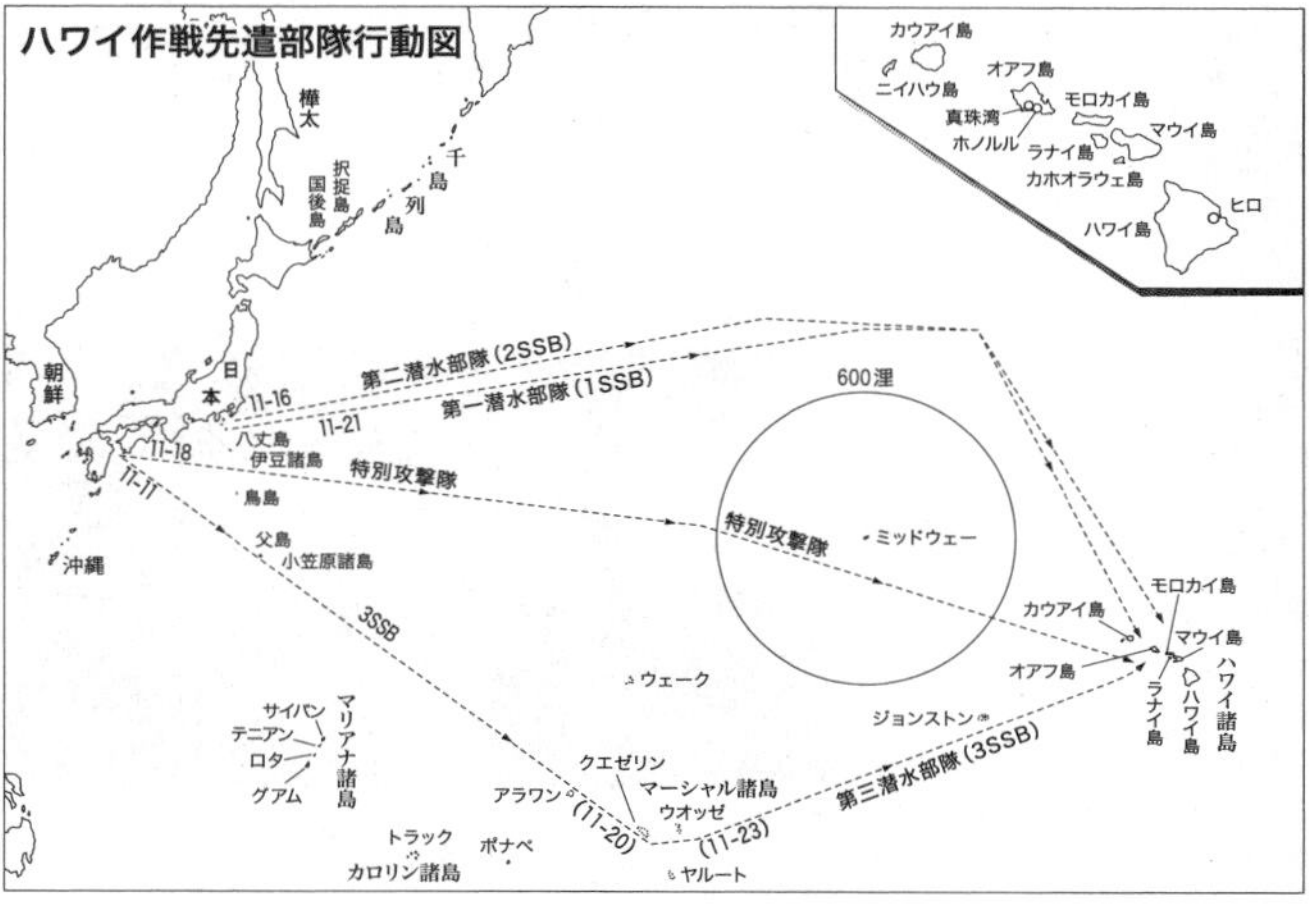

伊16潜水艦。真珠湾攻撃には本艦ほか同型4隻が甲標的を後甲板に搭載して参加（下図参照）

伊16潜（甲標的を搭載した状態）

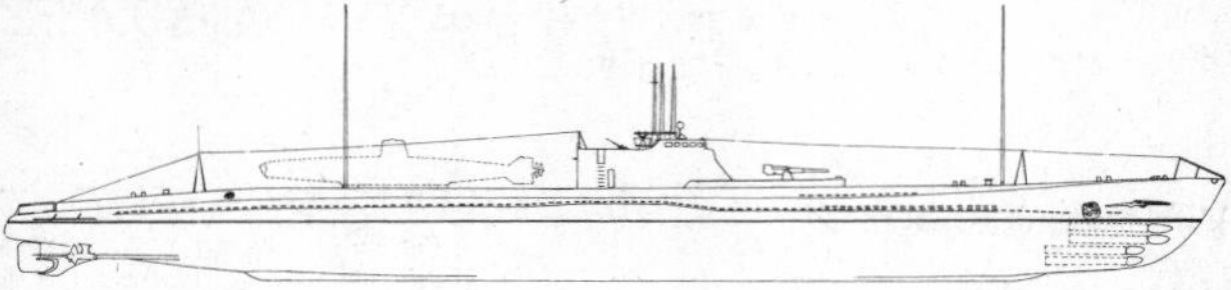

作図・石橋孝雄

伊24潜水雷長兼先任将校・橋本以行大尉

特別攻撃隊指揮官・佐々木半九大佐

真珠湾攻撃

1941年12月7日(日)早朝

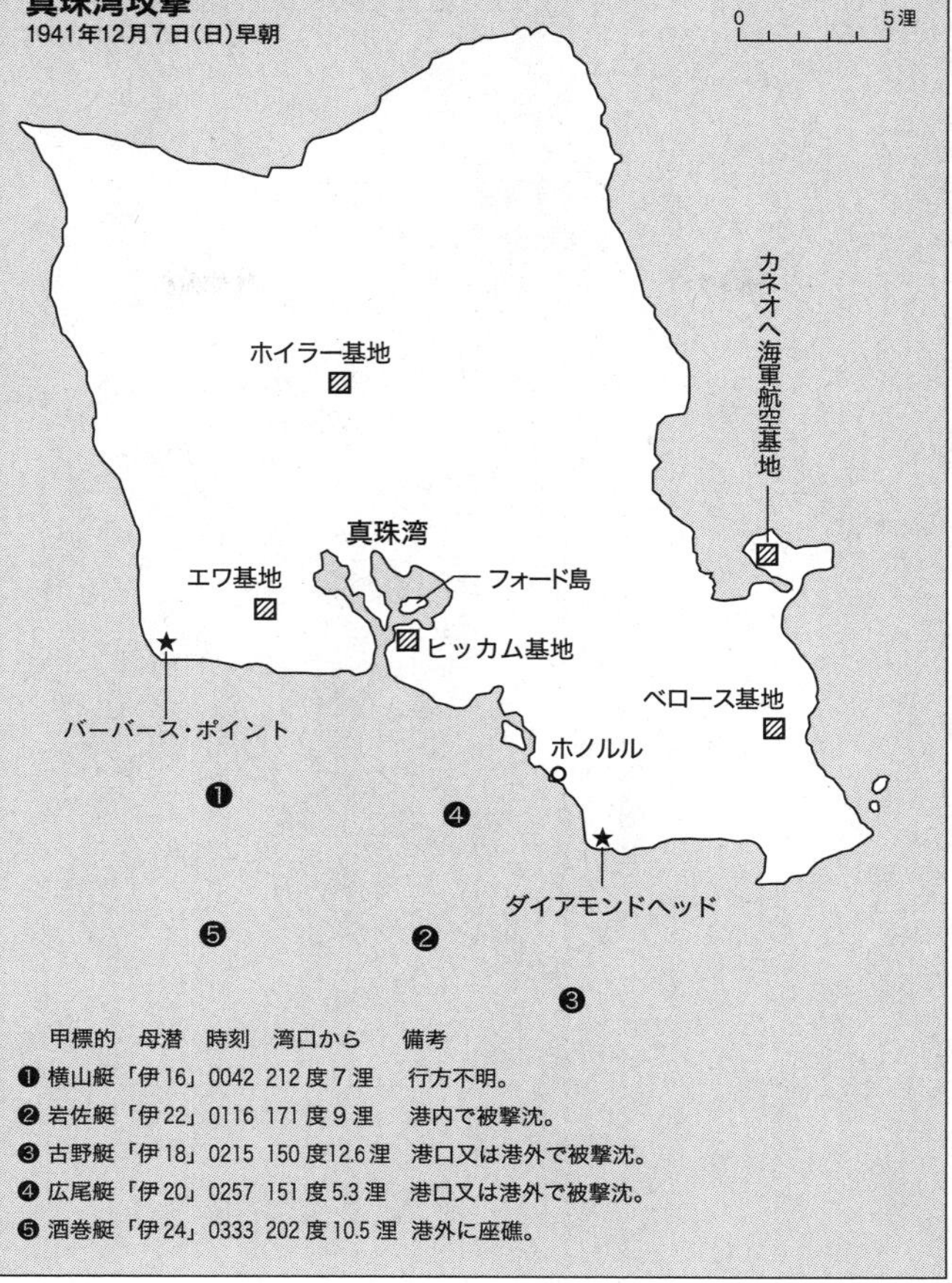

甲標的	母潜	時刻	湾口から	備考
❶ 横山艇	「伊16」	0042	212度7浬	行方不明。
❷ 岩佐艇	「伊22」	0116	171度9浬	港内で被撃沈。
❸ 古野艇	「伊18」	0215	150度12.6浬	港口又は港外で被撃沈。
❹ 広尾艇	「伊20」	0257	151度5.3浬	港口又は港外で被撃沈。
❺ 酒巻艇	「伊24」	0333	202度10.5浬	港外に座礁。

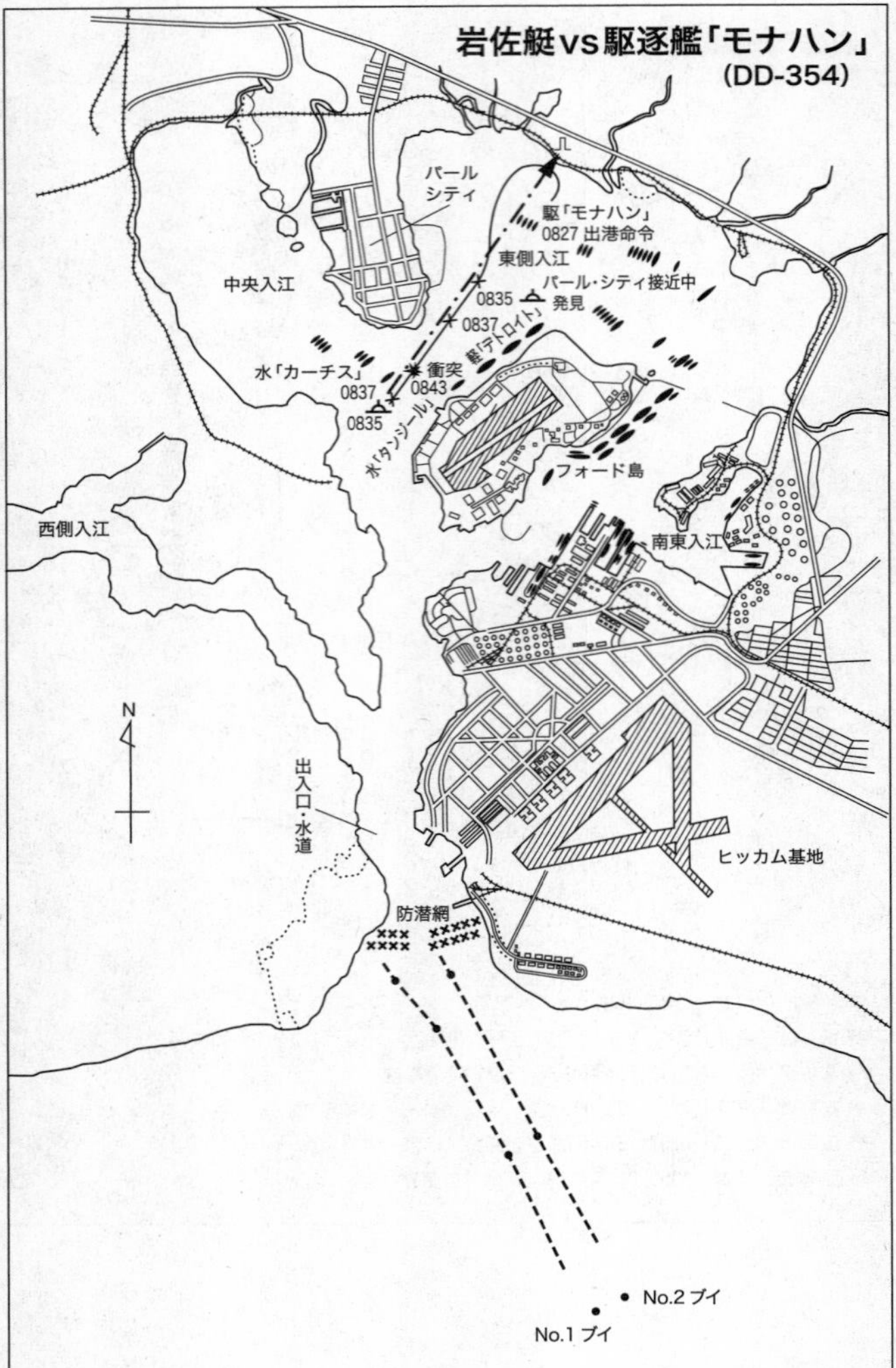
岩佐艇vs駆逐艦「モナハン」
(DD-354)
パール
シティ
駆「モナハン」
0827 出港命令
東側入江
パール・シティ接近中
0835
発見
0837
中央入江
水「カーチス」
衝突
0843
0837
0835
水「タンジール」
軽「デトロイト」
フォード島
西側入江
南東入江
N
出入口・水道
ヒッカム基地
防潜網
No.2 ブイ
No.1 ブイ

横山艇vs戦艦「ウェスト・バージニア」「オクラホマ」
（海洋科学捜索技術・画像化専門家による推定）
横山艇vs軽巡「セント・ルイス」（CL-49）
パールシティ
東側入江
中央入江
0800頃「W・バージニア」に魚雷１本発射。艦首を左に向けて２本目の魚雷を「オクラホマ」に発射。速度を上げ湾口に向かう。
フォード島
「W・バージニア」
「オクラホマ」
西側入江
南東入江
「セント・ルイス」
0931「セント・ルイス」出港。外洋にに向かう。
N
出入口・水道
ヒッカム基地
防潜網
0840～0846 防潜網閉鎖
直前に防潜網通過、外洋へ
No.2 ブイ
1000 ヤード
1007
No.1 ブイ
3000 ヤード

米駆逐艦「ワード」。甲標的2隻を撃沈した〔U.S. Navy〕

米駆逐艦「モナハン」。岩佐艇を体当たりで撃沈したとされる〔U.S. Navy〕

米軽巡「セント・ルイス」。真珠湾への水道入り口で小型潜水艦と交戦した〔U.S. Navy〕

日本海軍雷撃機が撮影した空襲下の真珠湾。画面中央の戦艦列に伸びる雷跡は、湾内に侵入した甲標的が発射した魚雷のものだという説がある

米駆逐艦「ヘルム」。湾口沖で酒巻艇と交戦したとみられる〔U.S. Navy〕

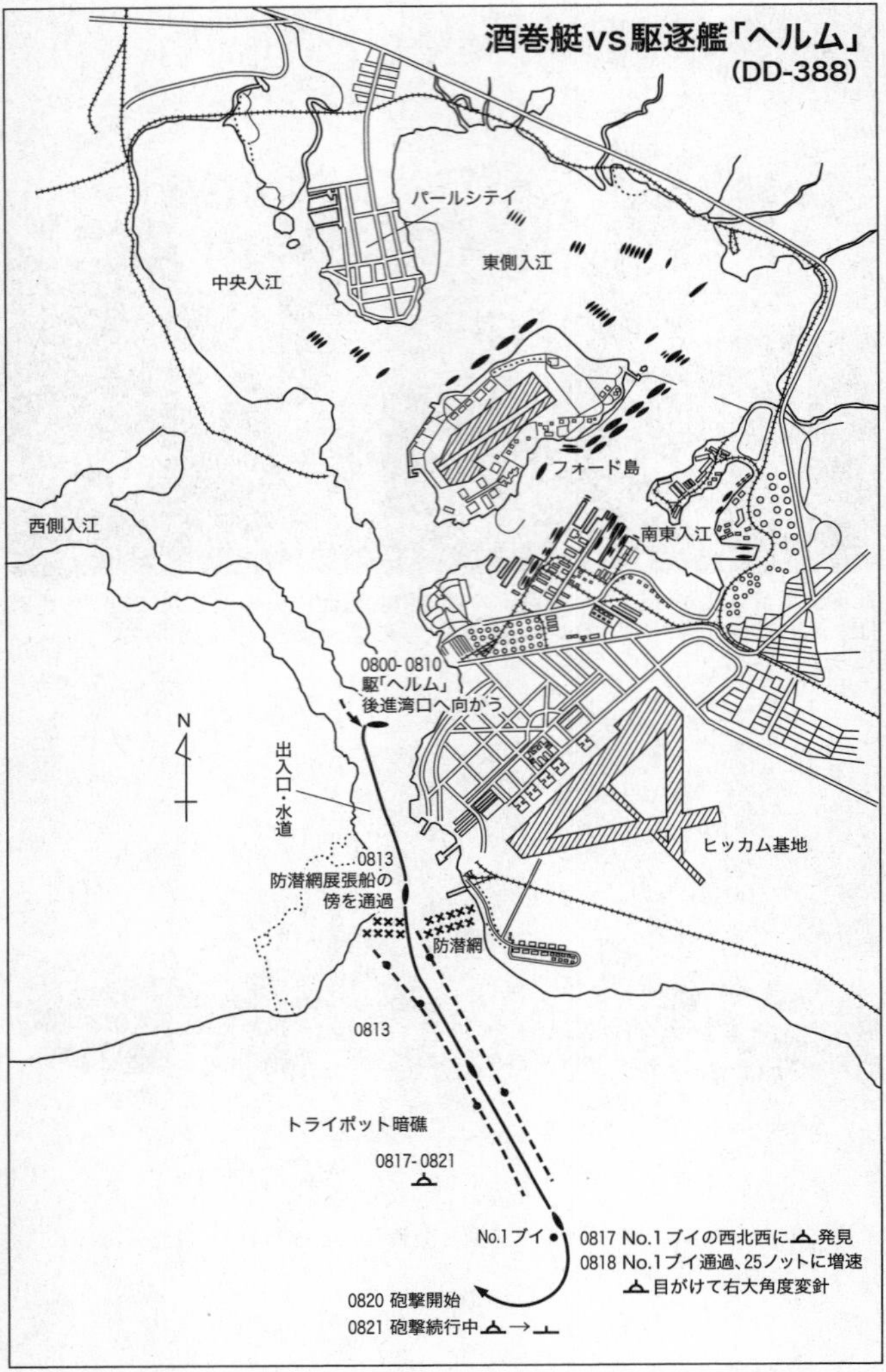
酒巻艇vs駆逐艦「ヘルム」
(DD-388)
パールシティ
東側入江
中央入江
フォード島
西側入江
南東入江
0800-0810
駆「ヘルム」
後進湾口へ向かう
N
出入口・水道
0813
防潜網展張船の
傍を通過
防潜網
ヒッカム基地
0813
トライポット暗礁
0817-0821
No.1ブイ
0817 No.1ブイの西北西に発見
0818 No.1ブイ通過、25ノットに増速
目がけて右大角度変針
0820 砲撃開始
0821 砲撃続行中 →

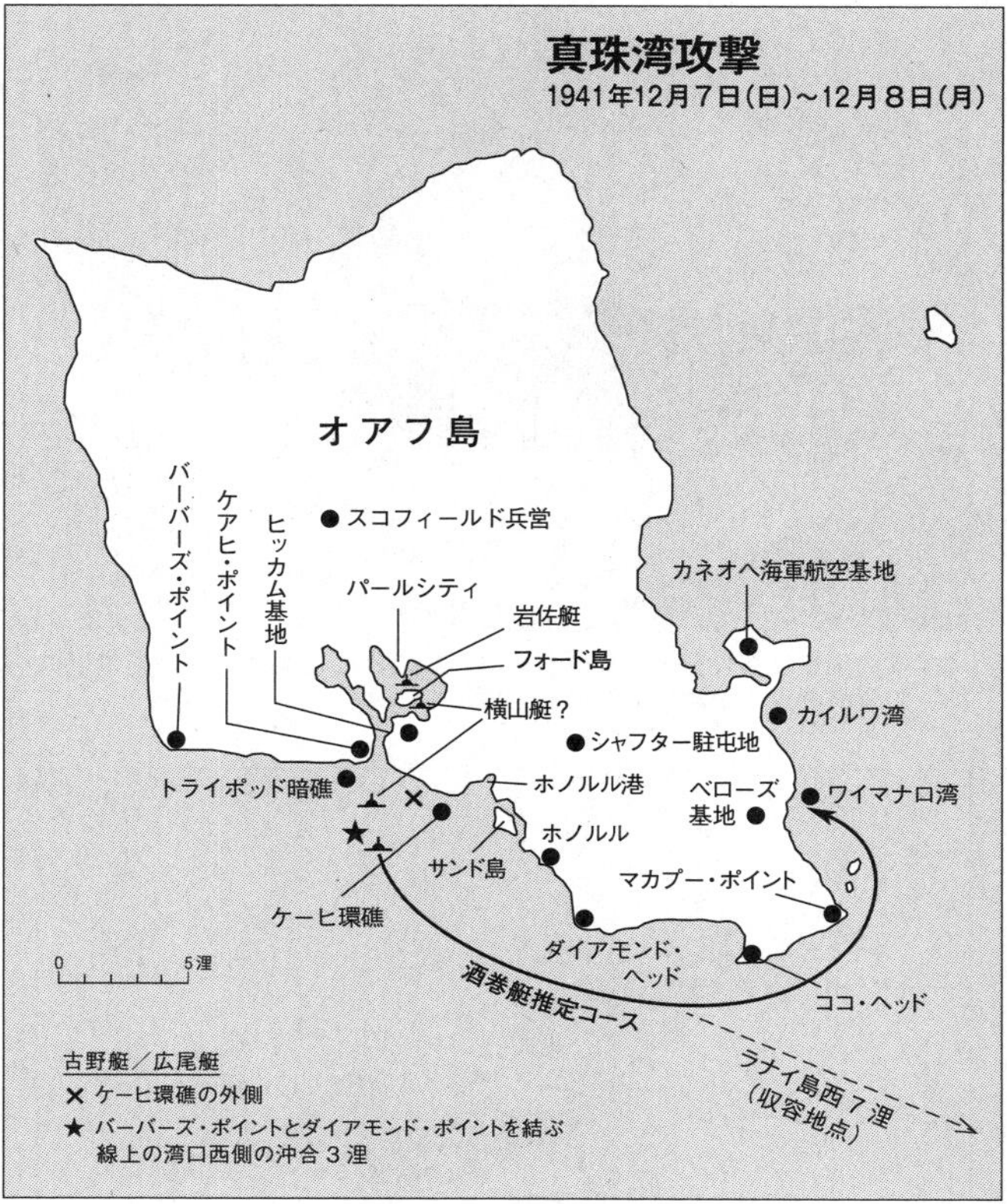
真珠湾攻撃
1941年12月7日(日)〜12月8日(月)
オアフ島
バーバーズ・ポイント
ケアヒ・ポイント
ヒッカム基地
スコフィールド兵営
パールシティ
岩佐艇
フォード島
横山艇？
カネオヘ海軍航空基地
カイルワ湾
シャフター駐屯地
トライポッド暗礁
ホノルル港
ベローズ基地
ワイマナロ湾
ホノルル
サンド島
マカプー・ポイント
ケーヒ環礁
ダイアモンド・ヘッド
ココ・ヘッド
酒巻艇推定コース
ラナイ島西7浬（収容地点）
0
5浬
古野艇／広尾艇
× ケーヒ環礁の外側
★ バーバーズ・ポイントとダイアモンド・ポイントを結ぶ線上の湾口西側の沖合3浬

オアフ島東岸、ベローズ基地近くの海岸に座礁した酒巻少尉指揮の甲標的。米軍が調査のため陸上に引き上げたもの〔U.S. Navy〕

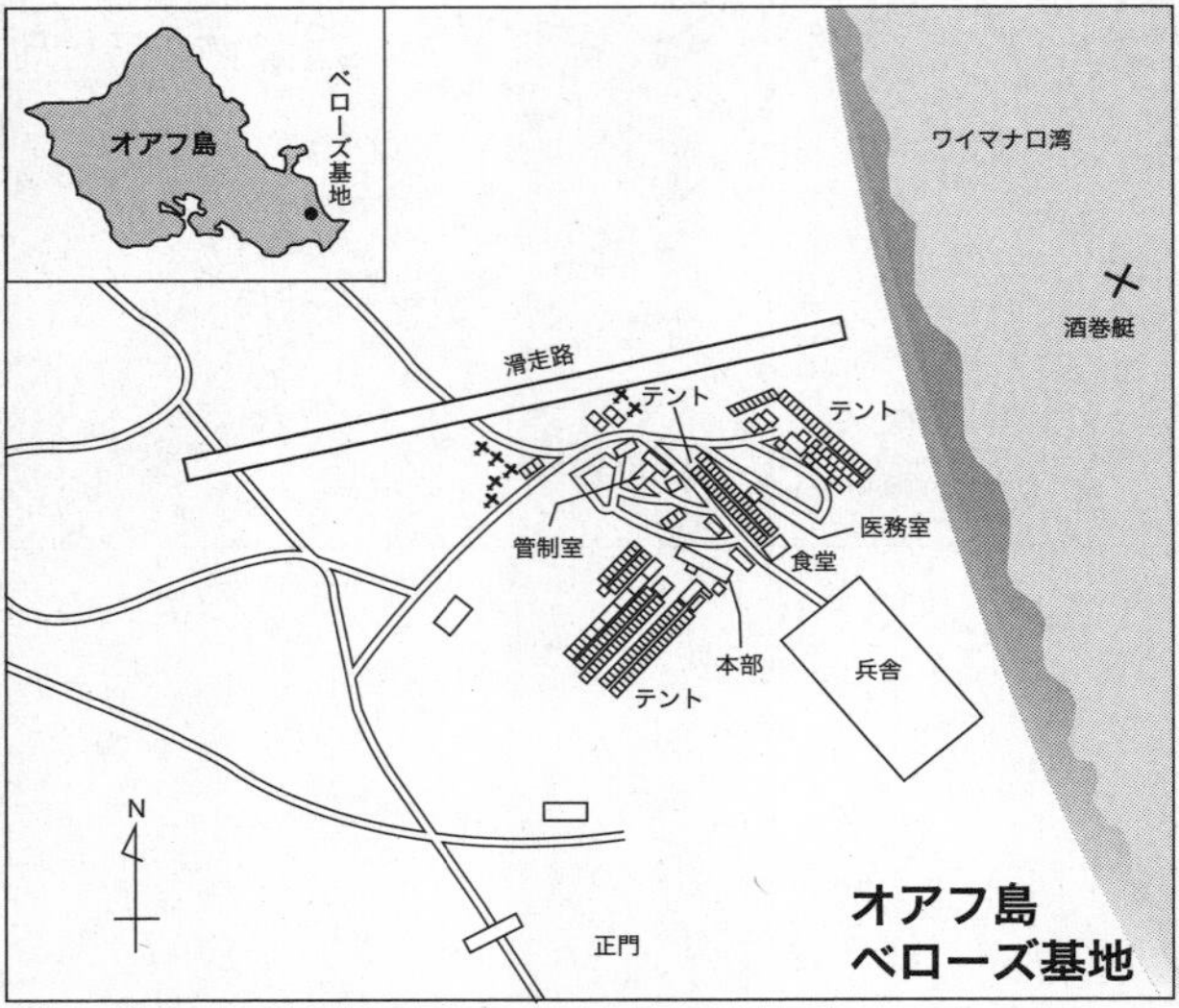

第六章　捕虜第一号

酒巻を捕らえたアメリカ兵の日誌

酒巻を捕虜にしたのは、当時ベローズ基地内で幕営していたハワイ州兵第二九八歩兵連隊G中隊先任幕僚のポール・プライボン少尉とディビッド・アクイ伍長の二人で、同少尉の日誌一九四一年一二月七～八日によれば、次の通りである（子息ロバート・プライボン氏の厚意による）。

◇一二月七日（日）

○六〇〇：炊事場から流れて来るコーヒーの香りで目を覚ます。起きて着替え、整列と衛兵の配置に立ち会う。宿舎のテントに戻り、先ずコーヒーを炊事場から持って来て、髭を剃る。

○七〇〇頃：髭を剃っていたところ、飛行機の断続的な機銃発射音を聞いたので、クレアランス・ジョンソン中尉に、一体全体、なんで航空隊は日曜日の朝に射撃演習をしているのだろうか、と尋ねた。すると飛行機が私の頭上にある木の真上で引き起したとき、主翼に「日の丸」が描かれているのが見えた。

○七四五：大声で「非常呼集」が伝達された。私の武器運搬車（ジープより大型の三／四トン中型トラック。前二名、後六名乗り）がやって来て停止した。部下のアクイ伍長がブローニング自動小銃を持って走って来た。もう一丁は車内の金属製の鞘《さや》に収まっている。私は運転手に滑走路に行くように命じた。彼が兵舎地区をぐるりと回って滑走路に出たとき、四機が機銃掃射をしながら向かって来た。編隊長機は、その車輪がほとんど滑走路に触れる程の低空で作戦本部地域を機銃掃射していた。大型機が現われて、他の飛行機がそれを攻撃した。一機が低空飛行で上空を通過。接地したが離陸し、飛行場を一周した後、脚上げ状態で戻って来た。彼は（滑走路上を）滑りながら道路を横切り、砂糖黍《さとうきび》畑に突っ込んだ。私は兵舎地区に戻った。そこでは私の部下やベローズ基地の地上要員が、B－17から負傷者や搭乗員を収容中だった。そのとき、私は初めてB－17を見た。

訳注：車輪がほとんど滑走路に触れるとあるので、この日本機は固定脚の九九式艦爆と思われる。脚上げ状態で戻って来たとあるが、当時のベローズ基地の滑走路長は四九〇〇フィートなのでB－17が着陸するには短過ぎて、胴体着陸を強行したのであろう。

〇九〇〇：山の向こう側のヒッカムや真珠湾で爆煙が上るのが見え、先ほどの爆発音から彼らが大空襲を受けたことが分った。

私は四名編成のパトロール班を連れ、マカプー・ポイント地区にある家屋に被害がないか調査するため、中型トラックで向かった。そこは全般的に静穏で、比較的損害はないように見えた。兵舎地区に戻り、ベローズ基地で基地司令のレオナード・ウェリントン中佐と副官のビル・ファーナム中佐に出会った。彼らはヒッカムと真珠湾が恐るべき損害を受けたと話してくれ、我々がなすべきことは何かと尋ねた。私は彼らに我々が持っていたわずかな機材ではあるが、港湾地域全体に有刺鉄線を張り巡らし、機銃を据え付け、迫撃砲の陣取りをしたことを話し、状況を継続して報告すると約束して本来の仕事である海岸の防御設備の設置に戻った。

一五三〇：「八日月曜日〇四〇〇、敵上陸ヲ予期セヨ」との命令を受領。我々の兵力は二〇〇名未満で、防御すべき海岸線は一〇マイルもあったが、部隊は十分に潤滑油を塗った機械の様に行動していた。ジョンソン中尉は私を航空隊基地（ベローズ地区）の防衛に割り当てたので、我々は終日、終夜、塹壕《ざんごう》を掘り、有刺鉄線を張り巡らし、電話線を引くなどした。

◇一九四一年一二月八日

〇四〇〇：時間になったが、予期した攻撃はなかった。私は海岸まで最後の上り下りをして、すべての通信回線はキチンと整頓され、我々に出来得る最善の状態で準備しているのを確認した。私は砂丘に登って、双眼鏡で担当地域を見廻した。そのとき、水路になっている海中の部分に柵柱らしき物体を見た。私は、伝令として終夜傍にいたアクイに、あんな遠くに柵柱があったことを覚えているかと尋ねた。彼は「いいえ、柵柱はありませんでした」と答えた。彼に双眼鏡を渡して見るように命じた。アクイはそれを見て非常に興奮し、「一隻います」といった。私が双眼鏡を受取って観察すると、薄明りの中でも、暗礁に乗り上げ、引き潮のために動揺しなくなった司令塔を現わした潜水艦だと分った。

私が双眼鏡で観察し続け、暗礁に当たって砕ける大きな波を見渡すと、海の中に白い光を見た。次の大波の中でもそれは見えた。アクイに双眼鏡を渡しながら、私は「あれが何か分るか」と彼に尋ねた。彼はそれを見て「亀だと思います」と答えた。アクイから双眼鏡を貰って、再びそれを見た。今度は、それが人間で砕け波に乗って岸に辿り着こうとしているのが分った。私は彼を目で追いながら、彼が辿り着くと思われた場所に向かって、アクイと一緒に浜辺を歩いて行った。寄せ波のしぶきの中に彼が沈んだとき、アクイと私は海中に入って彼を引き上げた。彼は日本人で、明らかに士官だった。彼は日本の伝統的な幸運と宗教的な印が縫い込まれた戦闘着（訳注：千人針に宗教的な印が縫い込まれていたものと思われる）を固く巻いていた。そして疲労困憊していたので、アクイと二人で私の中型トラックまで運び、ベローズ基地の本部に向かった。

当直将校は第八六偵察中隊長チャールス・スチューアート大尉、同下士官は同中隊庶務担当フレッド・ディーン軍曹だった。私は当直将校に自己紹介し、捕虜が誰であるか——日本潜水艦の士官で、その潜水艦は水道の暗礁に乗り上げていることを知らせ、捕虜を速やかにシャフター駐屯地（ホノルル市内）のG2（情報部）に連行する小部隊を特派するように進言した。

当直将校は、私の提案に直ちに取り掛かると回答した。そうこうするうちに、幾人かの下士官兵が、捕虜に暴力を振るおうとしたので、私は当直将校に、彼は捕虜であり、捕虜として処遇されねばならないといって、いきり立った下士官兵を追い出すようにいうと、当直将校は、即座に彼らを追い出した。捕虜は濡れていたので、毛布を掛けてやるように頼んだ。また疲労困憊し、寒がっていたので食事を頼んだら、誰かがゆで卵を作ってくれた。この時点で捕虜を当直将校に引渡し、海岸での私自身の仕事に戻った。

酒巻が捕虜になった時刻については、次の推測が成り立つ。酒巻たちは夜明け前、まだ暗いうちに浜辺から約六〇〇ヤード離れた暗礁に乗り上げた。〇六二七に太陽が昇ると周囲は急速に明るくなったので、急いで艇を爆破して退去する必要に迫られ、爆破薬の導火線に点火して〇六三五頃艇から退去。携行した秒時計に海水が入って〇六四〇に止まり、〇七〇〇過ぎに酒巻だけがワイマナロ浜辺に人事不省に陥ったまま漂着して捕虜になった。

合衆国太平洋艦隊情報主任参謀の訊問

この後、酒巻の身柄はシャフター駐屯地内にある合衆国陸軍ハワイ司令部のG2将校ケンダル・フィールダー中佐の管理下に置かれ、即日訊問されている。一方、海軍でも酒巻を訊問している。酒巻は「手記」に、訊問者は年の頃四〇歳位の佐官級士官、軍人というよりも紳士といった感じの人と書いている。

訊問報告書にはE. T. Laytonと署名があるので、太平洋戦争中、ニミッツ提督の情報主任参謀を務めたエドウィン・レイトン中佐（後少将）であろう。報告書は、次の通りである。

太平洋艦隊司令長官ファイルNo
合衆国太平洋艦隊　旗艦　合衆国軍艦ペンシルバニア

一九四一年一二月八日

捕虜第一号に関する報告

本報告書に関する詳細な情報は本日提出予定。準備的報告書によれば、該捕虜は二四歳の日本人である。彼は今朝ベローズ基地外の海中から引き出され、陸軍の捕虜になり、シャフター駐屯地でフィールダー大佐《ママ》が拘留中である。該士官は、敵側の編成や配備について話すことを拒否している。現在、判明しているのは次の情報のみである。

1. 彼はベローズ基地沖合一マイルの珊瑚礁から泳いで上陸した。

2. 彼と他の一人の士官のみが、この二人乗り潜航艇の搭乗員である。彼が捕虜になった理由は、彼が主力艦と思った艦船に忍び寄っていたとき、航走するためにハッチを開かねばならなかった。その結果、海水がハッチから流入してモーターを水浸しにした。その結果、彼は珊瑚礁に乗り上げた。該士官は艇長兼航海長であった。他の士官の遺体は未だ発見されていない。情報によれば、さらに多数のこの種の潜航艇が付近にあり、彼らは何らかの母船で当地まで運ばれてきたと思われる。捕虜は座礁するまでに一〇〇浬航走しなければならなかったと供述した。この時捕虜になったとき、該士官は〇二一〇で止まった時計を首にかけていた。この時刻は世界標準時が地方常用時か不明である。彼は敵側の兵力や配備について話していないが、彼が知る限りでは、我が艦隊を無力化する打撃を与える期待が外れたので失望している。

3. 武士道《サムライ》の掟に従って、該捕虜は自決することだけを要請した。該士官は、陸軍の訊問者による処遇よりも、海軍のそれに感謝していることは明らかであった。適切な取り扱いにより、さらに該士官から情報を得ることが出来るかも

知れないと感じられた。（訳注：傍線は原文にあり）

敬具

E・T・レイトン

ジュネーブ条約の知識

この報告書を読んだとき、筆者は、ふと酒巻はどこかで、いわゆる「ジュネーブ条約」（正確には「俘虜の待遇ニ関スル条約」一九二九年七月二七日）を勉強したことがあるのではないかと思った。彼は「手記」の中で、「よし、俺は男らしく自分を明かそう」「一言の告白一国の滅亡」と書いている。姓名・階級以外は何も答えない。軍事に関することの回答は拒否する。彼の対応は、非の打ち所のないルール通りである。

また、酒巻の兵学校同期でやはり捕虜となった作家・豊田穣《じょう》もその著『空母信濃の生涯』の中で、訊問官が山本五十六連合艦隊司令長官の生死について豊田から全く情報が得られないのでしびれを切らし、彼を暗黒の独房に長期間押し込めたのは捕虜虐待だ、中立国の赤十字を呼んでくれ、告訴したいと強く抗議をしている。豊田も捕虜の権利を知っていたことになる（豊田が捕虜になったのは、山本長官機がブーゲンビル島のジャングル中に撃墜されて戦死する約一週間前であった）。

調べたところでは、兵学校のカリキュラムには同条約は含まれていない。卒業後、実習航海や実施部隊での実習を終えて任官するまでに約八ヵ月の期間があるので、その間に教育を受けたか、自学自習したのではないだろうか。海軍で同条約等の刊行物は自由に入手できたようである。

注：豊田穣――酒巻と同期の兵学校六八期。九九艦爆操縦員として空母「飛鷹」に乗組むが、昭和一八年四月七日、い号作戦のガダルカナル島の飛行場攻撃の際、敵戦闘機に撃墜され救命ボートで漂流中、ニュージーランド海軍哨戒艇に救助される。ニュー・カレドニア経由でハワイに移送後、真珠湾内のフォード島で拘禁。その後、マッコイ収容所に移送されて酒巻と再会する。戦後、中部日本新聞記者。その著作『長良川』で第六四回直木賞を受賞。

参考：俘虜《ふりよ》の待遇ニ関スル条約　一九二九年七月二七日（抜粋）

第二篇　捕獲《ほかく》

第五条　俘虜ハ其ノ氏名及階級又ハ登録番号ニ付訊問ヲ受ケタルトキハ実ヲ以ッテ答フベキモノトス（中略）

俘虜ノ所属軍又ハ其ノ国ノ状況ニ関スル情報ヲ獲得スル為俘虜ニ何等ノ拘束モ加ヘラルルコトナカルベシ回答ヲ拒絶スル俘虜ハ脅迫又ハ侮辱ヲ受クルコトナカルベク又如何ナル性質タルヲ問ハズ不愉快又ハ不利益ヲ被ラシメラルルコトナカルベシ

第三章　俘虜ニ対スル処罰
（一）総則
第四十六条（前略）一切ノ体刑、日光ニ依リ照明セラレザル場所ニ於ケル一切ノ監禁及一般ニ一切ノ残酷ナル罰ヲ禁止ス同様ニ個人ノ行為ニ付団体的ノ罰ヲ課スルコトヲ禁止ス

レイトン中佐

レイトン中佐は酒巻に対して訊問官と捕虜の関係以上の親しみに似た感情を持っているように見受けられたので彼の経歴に興味が湧き、調べたところ、果たせるかな、バリバリのアナポリス出身者であることが分った。

レイトンは、一九二四年、米海軍兵学校卒業、戦艦「ウエスト・バージニア」（BB－48）乗組み。翌二五年、日本海軍の練習艦隊をサン・フランシスコで出迎える案内役を拝命。日本の候補生が英語を話すのを聞いてショックを受け、米海軍省に日本語習得の希望を出し、中尉昇進後一九二九年、三名の研修生と共に来日。最初に東京で日本語の基礎を覚えると別府に移住し、日本艦隊の行動パターンを把握。一九三三年、帰国して海軍情報部勤務。その後、戦艦「ペンシルバニア」（BB－38）の砲術分隊長を拝命、一九三六年、海軍通信部通信保全課翻訳班長に就任。一九三七年、大

尉に昇進して在日大使館付海軍武官補として二度目の来日を果たすと、河川砲艦「パナイ」の誤爆・撃沈事件の折衝に当たったとき、海軍次官山本五十六中将と知り合う。一九三九年、帰国後は掃海艇「ボックス」（AG－19）艦長。一九四〇年、太平洋艦隊情報主任参謀に就任、その後中佐に昇進。最終階級は海軍少将。

職業で国際間の垣根が低いものは、一番目がカトリック教の神父、その次が海軍士官と聞いたことがあるが、日本の事情に通ずるレイトンは、酒巻の立場に同情したのであろうか。酒巻も「司令官に宛てた手紙」（後述）の中で「ホノルルのある陸軍武官の家で思い遣りのある海軍士官と話しましたが、とても楽しい話でした」と書いている。読者をほっとさせる一駒である。もっとも、レイトンの方には情報士官としての別の思惑《おもわく》があったのかも知れない。著名な著作に〝And I was there〟『太平洋戦争暗号作戦・アメリカ太平洋艦隊情報参謀の証言』（TBSブリタニカ）がある。

ハワイ陸軍司令官に宛てた酒巻の手紙と遺言書

この直後の酒巻の足取りについて確たる資料はないが、酒巻が司令官（ハワイ駐留合衆国陸軍司令官ウオルター・ショート少将と思われる）に宛てた一二月一四日付の手紙から推測してみる。

昭和二一年一二月八日付の中部日本新聞に、同社社会部の豊田穣記者の記事が「特潜艇・真珠湾闇討ちの真相 あれから今日まで」という見出しで掲載された。新聞には出さないという条件で酒巻が取材を受けたものが世間に知らされたので、酒巻が「同期の信義を裏切った」と強く抗議したという曰《いわ》く付きの記事である。

その中に「（移動してから）二日目に将官らしい老人が視察に来た」「一週間ばかりして陸軍の留置所と思われるところへ移されたが、食事、衣類、その他の待遇はよく……」という件《くだり》がある。この留置所と思われる場所（シャフター駐屯地内の営倉）で、約二〇名の武装兵が酒巻に銃口を向けて威嚇するという事件があり、司令官が視察に来て酒巻に事の次第を手紙に書かせたということであろう。手紙の日付は一四日であり、その中で昨日、昨夜と書いているので、司令官が視察に来た日は一三日になる。それが移動してから二日目であれば、移動したのは一一日になるが、捕虜になった八日から一〇日まで三日間の酒巻の足取りは不明である。

しかし、G2のフィールダー中佐は、酒巻の自殺防止と日本人に対して悪意を持つ者による酒巻に対する危害防止のため、厳重な二四時間の監視態勢を取ったことは想像に難くない。次に、司令官に宛てた酒巻の手紙と遺書を示す。

―写し―

宛：司令官殿

発：日本海軍士官

酒巻 和男

昨日のご来訪、有難うございました。そのときのご要望にお応えするため、この手紙を認《したた》めます。日本語での悪筆、拙文、ご寛恕《かんじょ》の程をお願い申し上げます。

1. 略歴

一九四〇年八月海軍兵学校卒業、少尉候補生となる。本年四月、現階級の海軍少尉に任官。

2. 戦闘記録

富める貴国は、貧しき国日本に対して経済封鎖を行い、日本が自然崩壊する以外に道がないところまで石油、木綿、その他の物資の輸出を禁止しました。そのため、日本は貴国と外交交渉をして参りましたが、交渉は決裂しました。それ故、小官は部下一名と共に、戦艦を撃沈する目的で真珠湾に向けて出撃しました。しかし、転輪羅針儀故障のため、雨のように降り注ぐ貴軍の爆雷の下を潜り抜けて湾口までは到達しましたが、羅針儀の故障は潜航艇にとって致命的結末になりますので、躊躇《ちゅうちょ》することなく水上走行して港内突入を決意し、その昔、帆柱を切り倒し敵船によじ登った蒙古来襲時の河野通有《こうのみちあり》のごとく、舷門梯子を駆け上って甲板に飛び上がり、敵艦船を爆破炎上すると同時に戦死したいと希望しました。しかし、羅針儀故障のため、湾口において岩礁に乗上げる憂き目に会い、一〇秒あれば安全に回避できたのですが、小官の最初の策略は失敗しました。この一〇秒の差で貴国の戦艦一隻の運命が決まり、危険から救われたのであります。我が艇が損傷したため、僚艇の攻撃成功と我が海軍航空隊の達成した戦果を見て、湾口を後にせざるを得ませんでした。その後、遂に潜航艇では何もすることが出来なくなり、泳ぎ切って敵航空隊基地に到着しましたが、疲労困憊のために戦うことすら出来ず、囚われの身となりました。このとき以来、小官の悲しき運命が始まったのです。

専ら小官の未熟な航法と策略のため、小官の武官としての名誉は地に墜《お》ちました。そして一億国民の期待に背き、祖国を裏切ったみじめな捕虜になったのです。

ホノルルのある陸軍武官の家で思い遣りのある海軍士官と話しましたが、とても楽しい話でした。将来、小官が貴国におかけするであろう問題について考えますと、小官が恥辱《ちじょく》に耐えられないで自決することや銃殺は不可能になりました。そして小官の悲しい捕虜生活が始まりました。物事はこのような形勢になりましたので、国際法のルールを甘受し平和を好む日本海軍士官の生活を始めました。

昔、中国の伯夷淑斎《はくいしゆくせい》は異国の土地で出来る穀物を食べることを拒絶して山に入り、蕨《わらび》を食べて餓死しました。しかし、小官は貴国のパンを食べ始めたのですから、それは恥や悲しみのどんな理由になるだろうかと考えています。

貴官には非常に不快な思いをさせましたが、小官は終始正義に従って物事をやって来ました。しかしながら、昨日起きたような出来事、それは貴国の立場から起きたのですが、悲しいことが続きました。小官の正義は、二〇名もの貴国の兵士に終日、彼らの銃を小官に向け、彼らを恐れさせたのです。しかし、その結果として、小官にはあまり満足できない死と対面しなければなりませんでした。

小官が喜んで死ぬと申し上げる必要はありません。貴国の、そして貴官の銃弾の一発で射殺されることを、とても嬉しく思います。貴国の永続する軍事的成功を祈ります。独善的拳銃が小官を狙っています。これが小官の最期です。

さらば。

4．日本人、特に我々士官にとって、捕虜になることは許し難いことです。勿論、事件の記録があるかどうかですが、小官は祖国に帰れば自決します。我々は武装してはいませんが、噛み付き、最後まで戦うのが大和魂です。

願わくは、小官の死が小官の犯したすべての罪を許し、小官の魂は靖国神社に合祀されんことを。

次のことを海軍省に伝達して戴ければ幸いです。

遺言書

小官は湾口に突入し、ハワイ諸島の人々の心胆《しんたん》を寒からしめたと思っていたが、何もできない状態に立ち至ったことが分かった。このことについては弁明の余地なし。捕虜になったこの機会に飛びつくことは望まず。帝国海軍士官として、正義のため最後の瞬間まで戦った後自決する。

天皇陛下万歳。

海軍少尉　酒巻　和男

昭和一六年一四日（注：原文からは「一二月」が抜けている）

敵陣営における作詩（捕虜になった不運な日）

桜の花の散るときは　心置きなく散らしめよ
今日の悲しみの涙に濡れるはその枝葉

小官は"Down the torpedoes." "Among the shot through the Margaret."《ママ》がとても好きです。小官は最近の戦闘において、海軍軍人が念願する目標であるこれらすべてのことを体験し、大和魂を証明しました。昨夜、再び二〇もの銃剣や銃口が正面玄関、窓、そして頭上から小官に向けられましたが、正義が勝ちました。その結果として残念な状況が生じましたが、そのすべては小官の死と共に許されると思います。小官の「正当な死」の前夜、小官の「国家に命じられた正義の履行」のため、貴国に与える多くの犠牲を哀悼《あいとう》しながら、軍人として、貴国の銃弾により死ぬことは至上の希望と喜びであることをはっきりとご理解いただきますよう、切望します。

貴官から現在まで戴いた数々のご厚意に対し感謝すると共に、貴官の武運長久をお祈り申し上げます。

敬白

酒巻　和男

手紙の原文は日本語である。それを英訳し、さらに日本語に戻したので、原文のニュアンスとの差異も若干あるのではないかと思われる。英訳者は海軍の事情に通じていないので、陸軍関係の二世であろう。明らかな誤訳や誤記は訂正してある。この手紙から「手記」には書かれていない数々のいわゆる「事件」が収容所であったのではないか思われる。

第一四海軍区情報部と第四潜水戦隊の情報士官による報告書

一二月八日、第一四海軍区情報部も酒巻を訊問している。同部の情報士官による捕虜訊問報告書の内容はレイトン中佐のそれと大同小異であるが、酒巻が持っていた秒時計については「海水が入って〇二一〇で止まっていた」と記している。

真珠湾を基地とする第四潜水戦隊の情報士官によるワイマナロ湾で擱座《かくざ》した酒巻艇に関する同日付の調査報告書では、「空中から潜水艦を最初見たとき、それはベローズ基地の滑走路末端の浜辺から六〇〇ヤードの地点にあった。一〇〇フィート付近まで接近して見たときの情報として、船体の色は光沢のない黒色でマーキングなし。長さ三〇～四〇フィート、幅約四フィート、潜望鏡の鞘型ケースらしき部分から約三フイート突出した小型潜望鏡あり。船体の輪郭は潜水艦の一般的な形状に従い、艦首には籠のような突起がある。艦尾は水面下に沈んでいて、時折、波の動きで艦首と潜望鏡が見えた。該潜水艦は容易に浜辺まで移動可能と思われる」とある。

酒巻艇は鹵獲《ろかく》後直ちに調査された。数回の座礁の結果、舵、魚雷、推進器、艇首ネット・カッター等の損傷が記録されているが、潜航艇の状況は良好で、合衆国海軍により砂浜に引き揚げて分解され、調査報告書が作成されている。

プライボン少尉の部下ディビッド・アクイ伍長

酒巻を捕虜にしたハワイ州兵第298歩兵連隊ポール・プライボン少尉。アクイ伍長と共に酒巻を海中から引き揚げ、ベローズ基地に連行した〔Plybon Collection〕

酒巻を訊問したエドウィン・T・レイトン中佐（写真は大佐時代）。米太平洋艦隊情報主任参謀を務める日本語に堪能な海軍将校〔U.S. Navy〕

ハワイ駐留陸軍司令官ウォルター・ショート中将。のち真珠湾攻撃の大被害の責任を問われ少将に降格される〔U.S. Army〕

鹵獲された酒巻艇は、三分割され米海軍の調査を受けた。写真は船体中央部

酒巻艇の尾部。数度の座礁でプロペラは損傷、船体下面の舵も失われている

酒巻艇の艇首部。先端に魚雷発射管２本を装備。ネットカッターが損傷

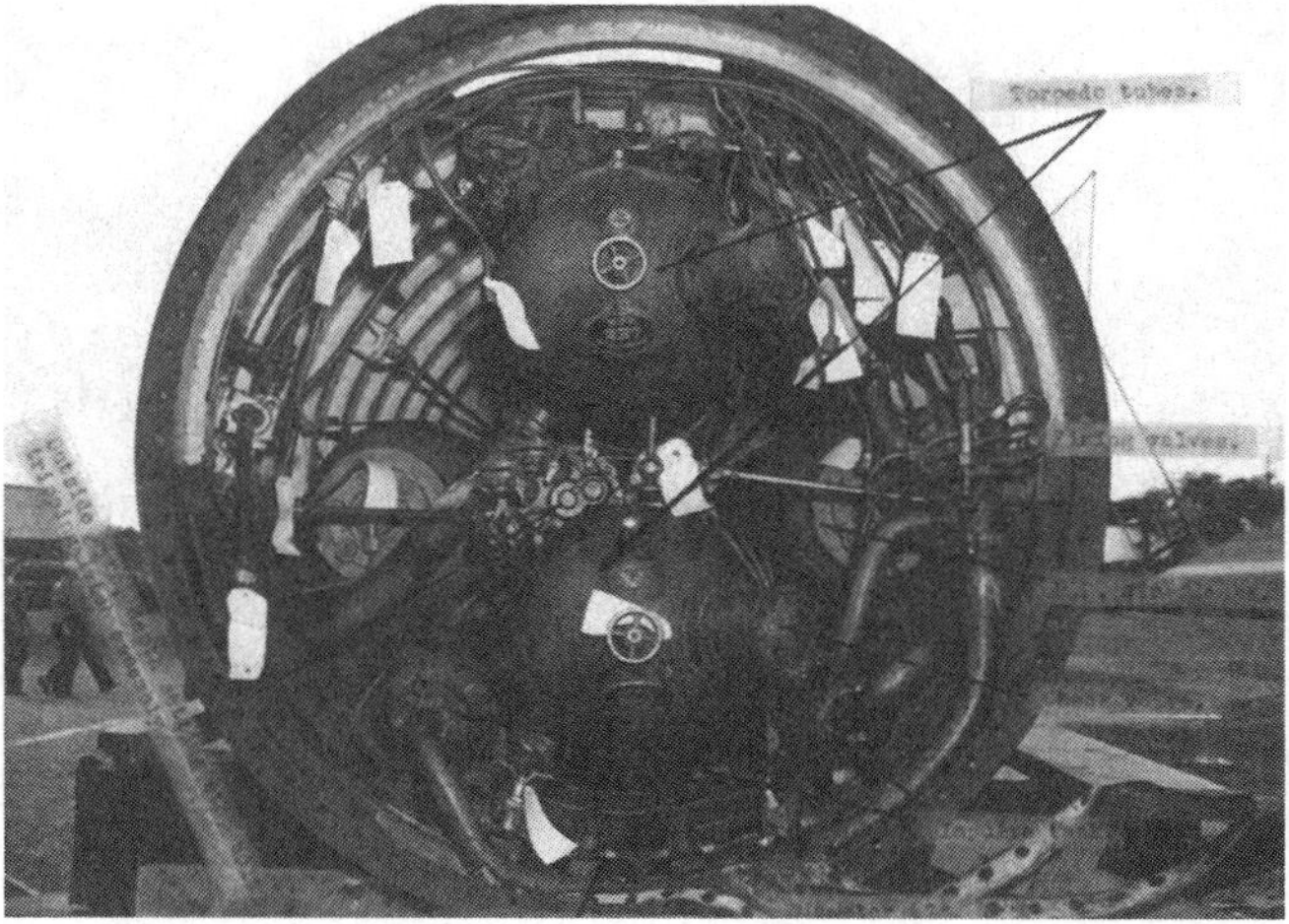

分割された艇首部断面を艇尾側から見る。２本の魚雷発射管の後端が分かる

船体中央の操縦室内部。艇長が操る金属製の舵輪が分かる

操縦室前方の前部蓄電池室。操縦室後方にも蓄電池室があった

右舷から見た司令塔。高く突き出た特眼鏡（潜望鏡）、その前方に無線マスト

司令塔上面、特眼鏡基部の前方にある乗降ハッチ

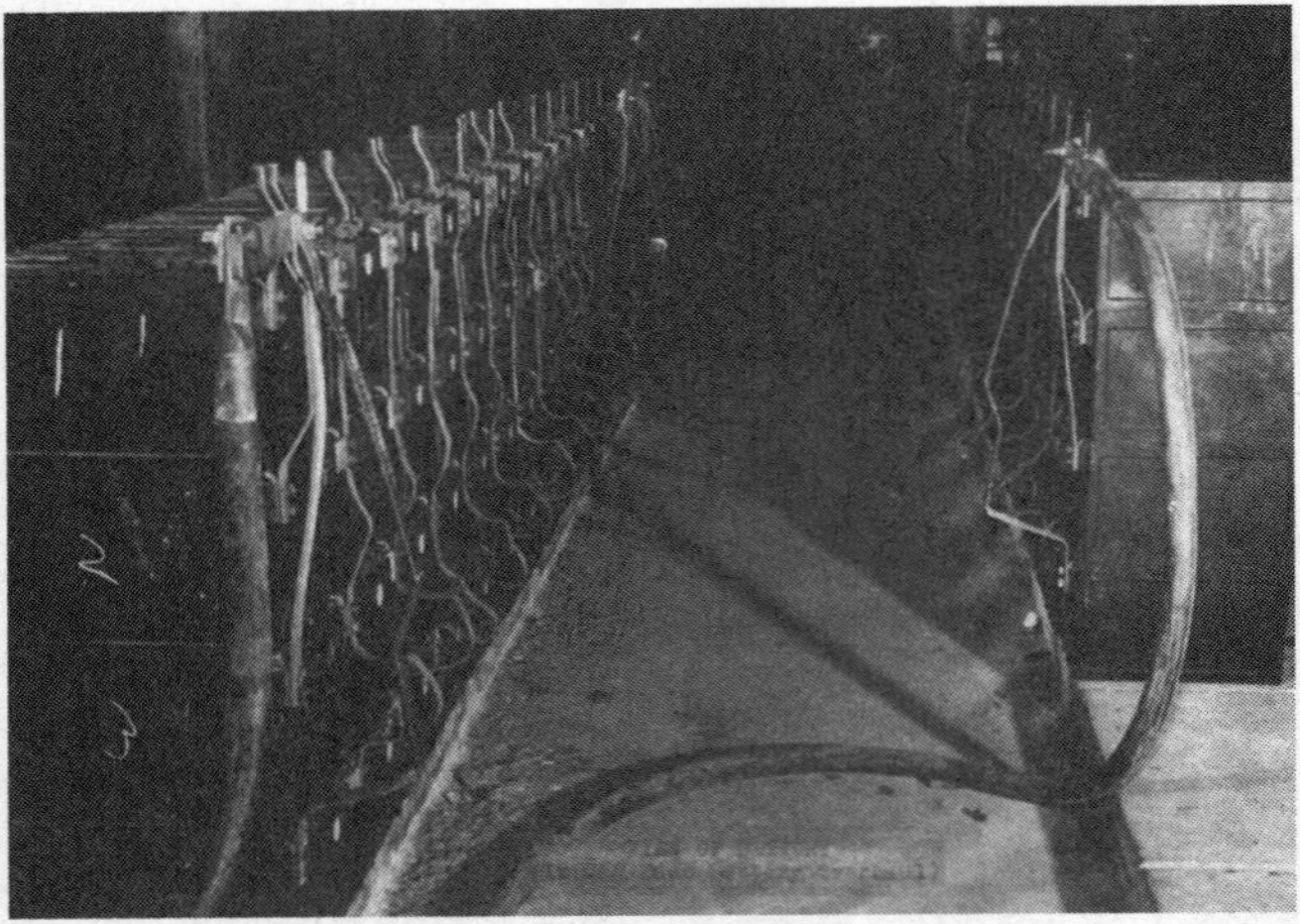

船体中央部、操縦室前後は蓄電池室で、箱型の蓄電池が多数積んであった

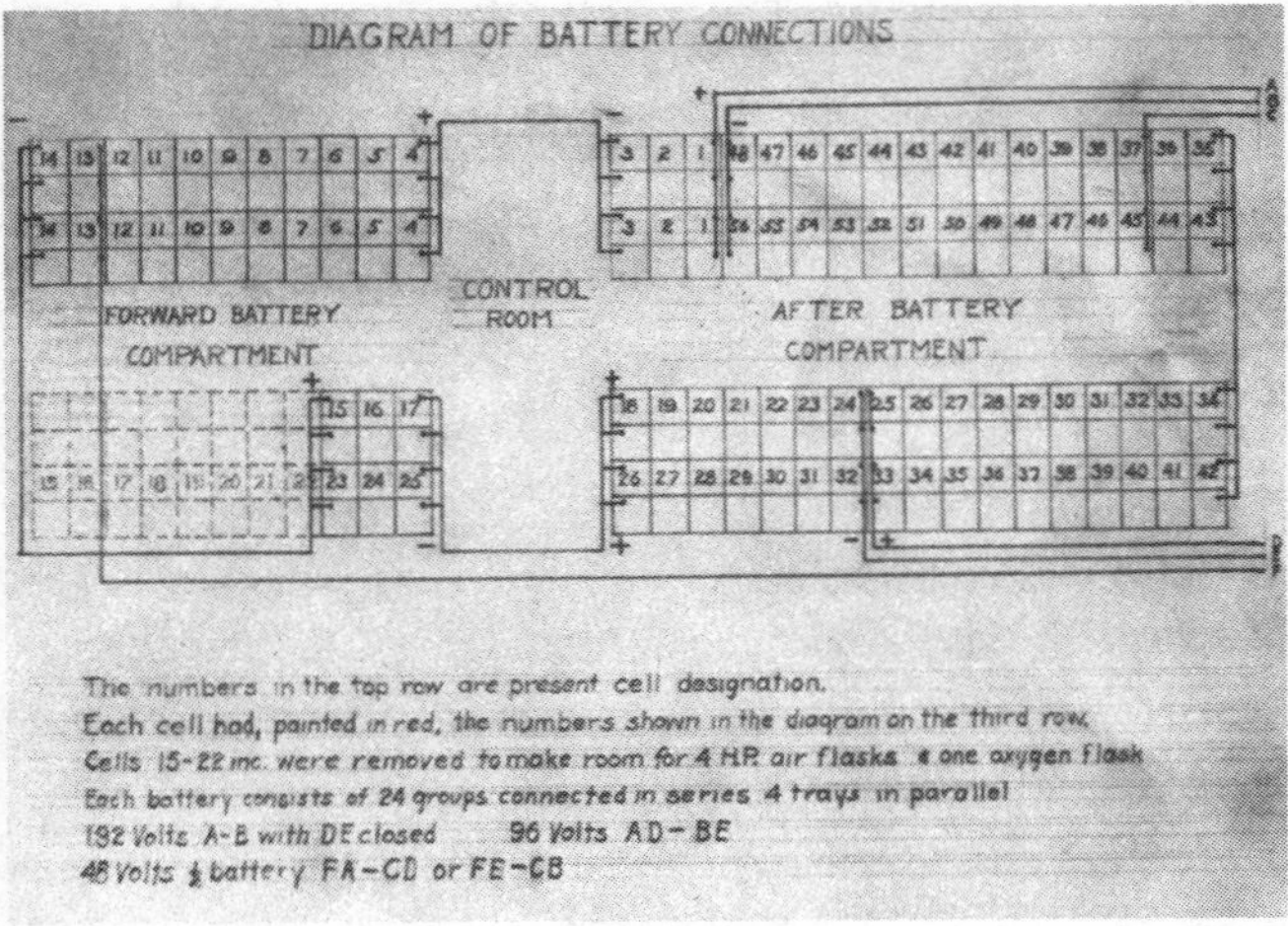

米海軍の酒巻艇調査報告書に記された甲標的の蓄電池配線図

GENERAL DESCRIPTION OF HULL

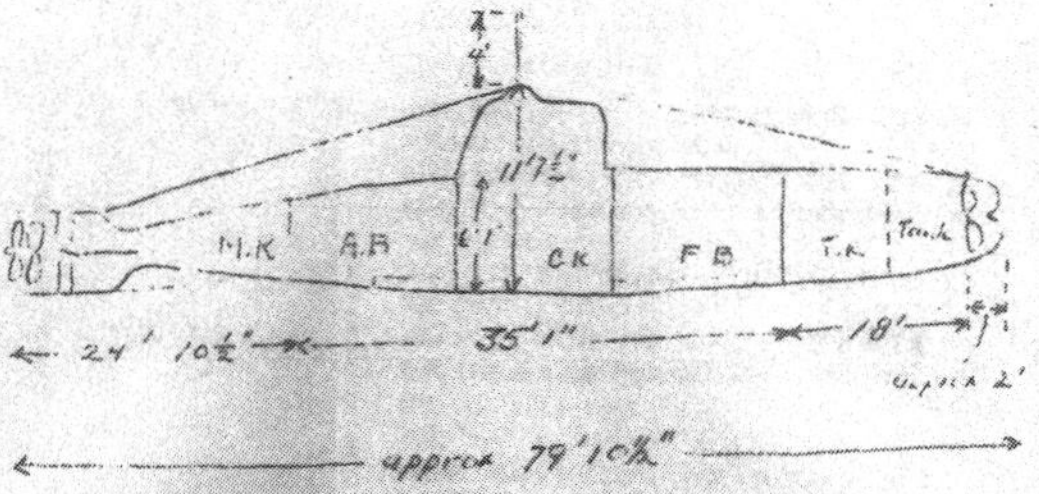

1. Hull is made of ¼" cold rolled mild steel (10" plate) and is divided into 3 sections, namely:

1. TORPEDO ROOM - 18' long - bolted to center section - contains:

(a) Two 18' torpedo tubes mounted one over the other. Torpedo war head 6' long containing approximately 1000 lbs., explosive.

(b) The only ballast tank which is 7' 5' long.

(c) 2 L. P. air flasks, and two impulse tanks.

(d) Torpedo tube firing valves.

(e) 250 lead pigs weighing 2766 lbs.

2. CENTER SECTION - 35' 1" long - 6' 1½" maximum outside diameter - contains:

(a) Three compartments separated by W. T. bulkheads with doors.

(A) FORWARD BATTERY - contains:

(a) H.P. air and oxygen flasks on port side.

(b) One fourth of entire battery.

(c) 90.5 gallon trim tank under battery.

(d) Air purification.

(e) 284 lead pigs on port side forward weighing 3133 lbs.

酒巻艇を調査した米軍が特殊潜航艇の概要を記したメモ。引き揚げられた酒巻艇は、分解され米第4潜水戦隊が調査、詳細な調査報告書がまとめられた。本書 p202~208 に掲載したのはその調査報告書に付された写真・資料である〔National Archives, Courtesy of Mr. Parks Stephenson〕

甲標的に積まれていた45センチ魚雷（九七式魚雷）を調べる米海軍士官

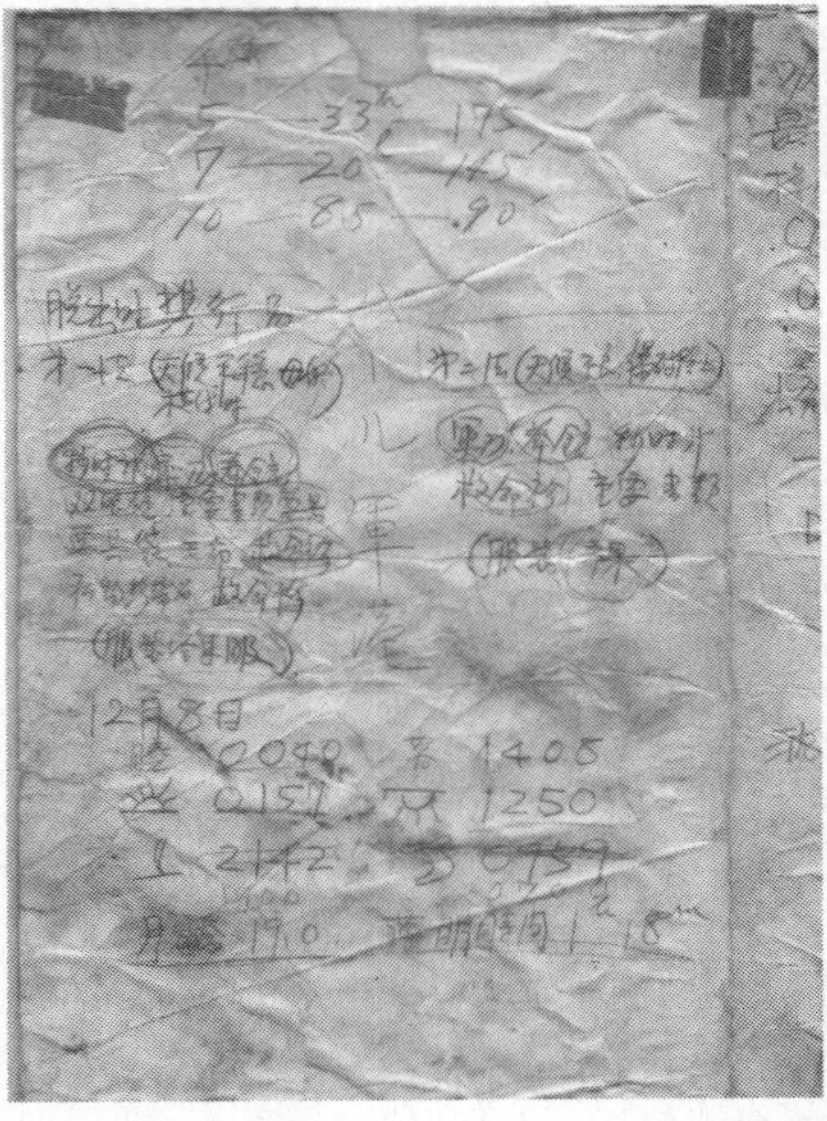

鹵獲した艇内からみつかった酒巻少尉のメモ。ハワイの日の出、日の入り時刻、脱出時の携行品リストなどが書かれている

第七章　捕虜収容所

シャフター駐屯地とサンド島収容所（一九四一年一二月八日～一九四二年二月下旬）

訊問や調査が一段落した一二月一一日、酒巻はシャフター駐屯地内の営倉に収容された。最初の約一ヵ月は何かと身辺が慌ただしかったが、人の噂も七五日といわれているように、二ヵ月位経って彼のことが世間の関心から薄れ始めた頃、ホノルル湾内にあるサンド島の収容所に移動し、ハワイ諸島における邦人社会の指導者、漁業者、宗教関係者、日本人学校の教師など約七〇〇名の邦人インタニー（抑留者）と五〇名のドイツ人抑留者と生活を共にした。所長はアイフラ大尉といった。

『手記』には、「この期間中のことは私自身の記憶や判断をもって取纏めることはできない」と書いている。酒巻のいう捕虜の心情の変化の分析（以下「酒巻による心情変化の分析」）によれば、「求死―煩悩《ぼんのう》―自暴自棄」の段階であろうか。

この収容所には「ニイハウ島事件」注の犠牲者ハラダ・ヨシオの妻ウメノがいた。彼女は収容所の小屋から時折連れ出されているが、いつもうなだれて抑留者の誰が声をかけても無言で苦悩している酒巻の姿を見る度に、最後まで捕虜になることを拒み、夫と共に死んでいった西開地重徳一飛曹のことが思い出され、「あの方も、随分苦しんでおられる……」と複雑な気持ちで遠くから眺めていたという。

ウィスコンシン州のマッコイ収容所に到着したのが三月九日なので、逆算すると、二月二〇日頃ハワイを発ってサン・フランシスコに向かったことになる。酒巻には輸送艦「グラント」（AP‐29）の一室が与えられているが、一緒にマッコイ収容所に移動した約二〇〇名の邦人と五〇名のドイツ人抑留者は、別の二隻に分乗した。

ホノルルとサン・フランシスコ間は約二〇〇〇浬、七昼夜の行程である。当時、アメリカ本土の西海岸沖では日本海軍の潜水艦が製油所の砲撃や通商破壊に従事していたので、抑留者にとっては不安な船旅になったのではないだろうか。なにはともあれ、全員無事にこの船旅は終わった。

サン・フランシスコ到着後は、湾内のエンゼル島移民収容所で一週間を過ごしている。酒巻は、群青のサン・フランシスコ湾にその影を落として夕日に映える明るいオレンジ色の世界最長の吊橋金門橋（ゴールデン・ゲート・ブリッジ）を見ても、対岸のオークランドから設備・サービス共に申し分のない抑留者輸送列車に乗ってストックトンから北上して州都サクラメント、そしてロッキー山脈の西側の高原にあるソルトレーク・シティを通り、雪に覆われた四〇〇〇メートルを超える峨々《がが》たる世界的大山脈のロッキー山脈を越えてデンバーに至り、今度は地平線が遥か彼方に霞む際限のない中部大平原の沃野を見てアメリカ第二の都市シカゴに着いても、何ら人間らしい感動を覚えなかったのではないか。

誇り高き帝国海軍士官として、当時の倫理《りんり》では最も忌むべき捕虜となり、自決もままならず、心は千々に乱れ、来る日も来る日も自責の念と罪悪感に責められながら悶々《もんもん》として生きることを苦しんでいたであろう彼の心情は、察するに余りある。

私事にわたり恐縮であるが、筆者は航空自衛隊に入隊した翌年の一九五七年の春から秋にかけて管制官の資格取得のため、ミシシッピ州ビロックシーにあるキースラー空軍基地に長期出張した。未だ自由渡航は許されず、公用パスポートが必要だった時代である。このとき、サン・フランシスコまでは日航機。バスでベイ・ブリッジを渡ってオークランドに行き、そこで汽車に乗り換えてストックトンから南下し、ベーカーズ・フィールド、ロス・アンゼルス、フェニックス、ツゥーソン、エル・パソ経由でサン・アントニオまで旅行をした。そのときの様子が、「手記」に書かれている車内の様子に酷似していたので記述したい。

汽車はプルマンといった。先ず客車であるが、広軌鉄道なので車体の幅も長さも日本の客車がマッチ箱のように感じる程一回りも二回りも大きく、ゆったりして、寝台車や食堂車が付いていた。一度発車すれば次の駅まで長時間停車することがない。疲れればベッドに横たわる。時間が来れば食堂車に行く。トランジスター・ラジオやテレビが未だなかった時代なので、後は本や新聞を読むか、移り変わる窓外の景色を眺めるだけである。駅に着いても駅名のアナウンスがある訳でもない。ベーカーズ・フィールドに着いたとき、拡声器が販売している軽食メニューを放送し、最後に"Fried chicken to go."といったのを思い出す。

酒巻の場合も大同小異で、『手記』に「彼ら（アメリカ兵）よりも私の方が待遇が良いのである。私の食事が終わると、黒人のボーイがパンや果物の残り滓《かす》を片づけてくれる。そしてテーブルの上には私のミルクとコーヒーが置かれる。ベッドもそのボーイが用意してくれた。生まれて初めての長い汽車旅行中、私は気持ちの良い純白のシートと厚い毛布に包まれていたのである」と記している。ジュネーブ条約の条項に従って、酒巻はこの状況下で合衆国海軍少尉が受けるであろうと同等の待遇を受けたということであろうか。

マッコイ収容所は、シカゴから汽車で北西に五～六時間のところにある。抑留者輸送列車はスパルタ駅とトーマー駅の中間で収容所の横にある支線を進み、収容所の入り口近くに停車した。道路の両側に整然と警戒兵が立ち並んでいる中を、輸送指揮官と酒巻を先頭に、日独の抑留者が続き、真白な雪を踏んで収容所内に入った。約二〇日間にわたる長い旅路の終わりであった。

注：ニイハウ島事件――真珠湾攻撃の第二波に参加してカネオへ、ベローズ基地を攻撃中に被弾した空母「飛龍」の零戦搭乗員西開地一飛曹は、発艦前の緊急時の指示に従ってハワイ諸島の最北西端にあるニイハウ島に不時着。同島の沖合には不時着搭乗員救助のため「伊七四」が配備されていたが、同潜はその任務を解かれ、他の潜水艦が発見した敵空母の追跡を命じられた。それとは知らず、カナカ族に奪われた書類を取り戻そうと懸命に争っている西開地と、彼を助けた日系二世の牧童頭ハラダが殺害された事件。

参考：俘虜の待遇ニ関スル条約　一九二九年七月二七日（抜粋）

第六章　将校及之ニ準ズル者ニ関スル特別規定

第二十一条　戦争開始直後ニ交戦者ハ相当階級ノ将校及之ニ準ズル者ノ間ニ於ケル待遇ノ平等ヲ確保スル為ニ各自国軍内ニ於テ使用セラルル称号及階級ヲ相互的ニ通知スル義務ヲ有スベシ（後略）

ウィスコンシン州マッコイ収容所（一九四二年三月九日〜五月二〇日）

ウィスコンシン州はアメリカ大陸の中北部、マッコイ収容所はその南西部にある。緯度は北海道の旭川に近く、酒巻たちが到着した三月初旬は一面の銀世界で、永年常夏の国ハワイで過ごしてきた抑留者は雪を見て子供のように大喜びした。すでに先着していたカリフォルニア、オレゴン、ワシントン州とアメリカ本土の西海岸から収容された邦人抑留者約三〇名が出迎え、ハワイからの新参抑留者と一緒になった。

この収容所は「市民資源保全団」（Civilian Conservation Corps）の元宿舎を収容所に改造したもので、A〜Eの五エリアに区分され、Aエリアはアメリカ兵居住区、Bエリアは酒巻一人（戦時捕虜）、Cエリアはドイツ人抑留者（民間人）、Dエリアは倉庫として使用、Eエリアは邦人抑留者（同）が収容されていた。

そしてエリアごとに四棟のバラック、炊事場、食堂、洗面所とトイレがあり、二重のバブワイヤ（有刺鉄線）で囲まれ、エリア外には工作所、キャンティーン（酒保）と運動場もあった。

約三キロ離れたところにはアメリカ陸軍二個師団を収容する新《ニュー》キャンプが建設中で、酒巻たちが収容された所は旧《オールド》キャンプと呼ばれていた。

酒巻の日常は、食事は邦人抑留者が料理してくれる日本食の風味豊かな御馳走。入浴、掃除、散歩位が仕事で、隣のCエリアのドイツ人抑留者が微笑みながら手を上げて挨拶してくれるし、一見平和で幸福な生活であった。

しかし、戦死したであろう九名の同僚や部下、特に艇付の稲垣兵曹の顔がしきりに浮かんでくる。そして無残にも惨敗し、何一つ祖国のために尽くせなかった恥辱《ちじょく》感が酒巻を苦しめ、腹を切っただけでは済まされないという気持ちにさせた。

彼はどうすればよいのか。考えれば考える程たまらなくなり、結局、正座謹慎を続ける以外に道がなかったという。その酒巻の姿を番兵は不思議そうに眺めて、次の上番者が来るのを待っていた。

アメリカを知るために

そんな毎日が続いていたある日、収容所長が酒巻を訪ねて来た。煙草、菓子、何でも欲しいものを支給するから、欲しいものをいえという。酒巻を喜ばせようとする所長には相済まないという気持ちはあったが、彼は断っている。

数日後、所長は抑留者の通訳を連れて再び訪ねて来た。結局、毎日の新聞の差し入れ、ノートと数冊の本を貰うことになる。新聞や書籍を通じてアメリカを知ることを始めたのである。

所長のロジャーズ中佐は温厚篤実な人物で面倒見がよく、約束通り、毎朝、酒巻はフェンス越しに彼から新聞を受け取り、新聞を通じてアメリカに接し始めた。酒巻による心情変化の分析でいえば、「求知の段階」であろうか。

昭和一七年四月一八日（日本時間）、アメリカ軍は、日本軍では到底考えも及ばない海軍の空母から、艦載機よりも航続距離の長い陸軍の爆撃機を発艦させて日本本土の空襲を敢行した。本土から約七〇〇浬の洋上で敵機動部隊を発見した哨戒艇は、〇六三〇に打電した「敵空母三隻見ユ」との報告を含めて撃沈されるまでの約三〇分間に、実に六通の無電を打って敵機動部隊の詳細な状況を報告している。

しかし、日本側は艦載機による空襲は翌日であろうと判断し、邀撃した戦闘機も米軍機が低空で侵入したため、一機も捕捉撃墜できなかった。また、この米軍爆撃機の隊長の名前がドーリトル（Doolittle）だったことから、新聞などでは負け惜しみにDo Nothingと揶揄《やゆ》していた記憶がある。

さらに五月七～八日の珊瑚海海戦、それは戦史で初めての空母対空母の決戦であったが、日本側は一万トンの空母「祥鳳《しょうほう》」を失ったのに対し、アメリカ側は三万トンの空母「レキシントン」（CV－2）を失っている。

しかし、この海戦はポート・モレスビーの攻略から派生的に発生したものであり、本来の目的である同地の攻略は達せられなかった。また、アメリカ海軍が初めて日本軍の南下を阻止したという点で、大いに自信を得たことが特筆できる。日本側は戦略的には負けたが、戦術的には勝ったと、これも負け惜しみをいっている。アメリカの新聞から、より真実に近い情報を得ていた酒巻の心境は如何だったのだろうか。

収容所の近くを通る鉄道では、長蛇のような貨物列車が戦車、軍用トラックなどを満載して通過することもある。アメリカの「民主主義の兵器廠」はフル活動しているのである。それでも日本は緒戦の勝利に有頂天らしい。彼は、いても立っても居られないという気持ちに悩まされていたのではないだろうか。

冬が終われば春が来る。人間がどのように悩もうと自然の営みは着実で、四月ともなれば雪は融け、五月が来ると木の芽は膨らみ、新緑の色は日毎に濃くなっていく。開戦から約半年が経ったこの頃、「時がすべての傷を癒《いや》してくれる」という西洋の諺通り、酒巻の心境に微妙な変化が起こっていた。未来を持たぬ冷たく凝固した彼の心が次第に解《ほぐ》れ始めたのである。

過去のことは運命のなせる業と胸に納め、世界のどこかで、もう一度バブワイヤのない自由で楽しい生活を再建してみたい。そしてアメリカ人に劣らぬ思慮のある日本人になろう。そう思いながら深呼吸して胸一杯吸い込んだ心地よい朝の冷気。それが真珠湾以来、彼が初めて実感した気温に対する感覚であったという。

ほどなくして、酒巻たちはこの収容所から移動することになる。警備兵に見送られながらスパルタ駅から列車に乗り込む彼らの上に、五月下旬の暖かい日差しが降り注いでいた。

テネシー州フォレスト収容所（一九四二年五月下旬〜六月二九日）

移動先のフォレスト収容所は、アメリカ大陸中央南部テネシー州の南部、タラホーマにあった。酒巻と約二五〇名の邦人抑留者は、昼近くスパルタを発って一路南東に向かった。延々と続く丘陵と農園地帯を通って、夕刻、アメリカ第二の都市シカゴ着。駅前はラッシュ・アワーで家路を急ぐ人たちや車で混雑していた。シカゴから南へとイリノイ州の農園地帯を南下するうちに夜になり、眠りから覚めるとケンタッキー州を過ぎてテネシー河を渡り、同州の州都ナッシュビルに着く。

酒巻や抑留者の客車は軍用列車に連結されていたので、白いエプロン姿の婦人たちが「兵隊さん、兵隊さん」と連呼しながら、果物、菓子、絵葉書などを入れた「慰問袋」注を列車内の兵士に手渡しているのが見える。中年婦人が多く、服装は質素そのもの。銃後を守る気迫に満ちた眼差しが印象的で、これまでにハリウッド映画から得た酒巻のアメリカ女性に対する通念的な考えが消し飛んでしまったという。

収容所にはこの日の午後到着した。ここでは五名位が入居できるハット（小屋）が六列に並んでいて、酒巻はその一戸で起居し、抑留者が運営する学校で英語、地理、農芸、仏教、神学等を聴講し、余暇は収容所内を散策した。そして、午後の驟雨《しゅうう》がもたらす涼気の中で、夕刻にはラジオから流れるニュースに聞き入って、時局に遅れないように努めている。彼自身の到着をラジオは放送していたという。

生の肯定

フォレスト収容所の生活は僅々《きんきん》一ヵ月であったが、酒巻が抑留者と共に学び、共に暮らし、肌で触れた彼らのアメリカ的な考え方と生活様式は、彼自身の反省のみならず、彼がその中で育まれた日本独特の観念形態《イデオロギー》や軍国主義に対して鋭く再検討を余儀なくさせる指針となった。生まれつき秩序と自由を護るアメリカ人の生活や行動が目に映るようになった。酒巻による心情変化の分析の「懐疑—自覚—再起」の段階であろう。彼は明確に自身の変化（「捕虜になっての再生」）、即ち「生の肯定」を認めている。

六月初旬と思われるが、第一次戦時交換船[注]で帰国するため、この収容所から抑留者数名が元気で張り切って故国へ帰って行った。アメリカ国籍を持つ者持たない者、アメリカに家族がいる者いない者、アメリカに財産が多くある者少ない者。個々の状況が異なり、抱えている問題も異なるので、アメリカに残るか否かは一律には決められない非常に難しい問題であったと思われる。結局、帰国者は数名であった。

アメリカ軍慰問協会（United Service Organization）によるディアナ・ダービン[注]主演の映画が上映された。若くて綺麗な女性の存在を殊更無視しようとした古い時代に比べると、颯爽《さつそう》と自転車に乗って口笛を吹きながら林道を通り抜ける彼女の姿が、いかに魅惑的に見えたことか。ラジオから静かに流れて来る美しい音楽を、これが「生の歓《よろこ》び」とばかりに聞き入るようになっていた酒巻であった。

注：慰問袋――戦地の兵士を慰問するため、日用品、娯楽用品、雑誌、お守り、手紙などを入れて送る袋。日本では日露戦争開戦直後の一九〇四（明治三七）年三月、婦人矯風会《きようふうかい》の会員がアメリカ矯風会の経験談をヒントに、一〇〇個作って送ったのが始まり。慰問袋の名称もComfort Bagの直訳。

第一次交換船「グリップス・ホルム号」――ニュー・ヨーク発六月一八日、ロレンソ・マルケス（アフリカ東南部モザンピークの首都マプートの旧称）着七月二〇日。帰国者はここで「鎌倉丸」に乗り換えて同地発七月二六日、横浜帰国八月二〇日となっている。

ディアナ・ダービン――一九二一年、カナダ生まれ。間もなくロス・アンゼルスに移住し、一九三六年、オペラ歌手ばりの美声を買われて映画界入り。「オーケストラの少女」などの実績を認められて一九三八年、アカデミー特別賞を受賞。「天使の花園」「庭の千草」「春の序曲」などに出演。一九四九年、早々に引退。

ルイジアナ州リビングストン収容所（一九四二年七月一日〜一九四三年五月二〇日）

ルイジアナ州はアメリカの中南部に位置し、南はメキシコ湾に面する。リビングストン収容所は州の中央部にある。六月下旬、酒巻たちを乗せてタラホーマから西に向かった列車は、アメリカ一の長流ミシシッピ河を渡り、アーカンソー州からルイジアナ州を南下し、七月一日、ジョージア・パインで囲まれたリビングストン収容所に到着した。

夏の当地は高温寡湿の酷暑地で、アメリカ本土の各地で収容され、日焼けした先着の邦人が出迎えてくれた。抑留者は、ハワイやペルーを主体とする中南米諸国から来た人たちを加えて総数約一二五〇名、H、J、Kエリアに分宿した。ルーズベルト大統領は、国内の日系人のみならず中南米在住の日系人も敵性外国人として逮捕してアメリカに連行することを望み、中南米諸国がこれに応じたのである。酒巻には収容所入口の別棟を与えられている。

所長のダン中佐（後大佐）は武人型の好人物だった。酒巻は、昼間は抑留者たちの所に行けたので、時間の許す限り「インタニー大学」の授業に出席した。課目は英語、地歴、商業、経済学、仏典、神学、習字、絵画、彫刻、農芸、音楽、俳句、柔道等である。また、仏教会、基督《キリスト》教会でも礼拝ができた。

九月頃、酒巻はHエリアの一隅に移動して抑留者の生活の中に溶け込み、読書と勉強に勤しんでいた。この頃、新聞でほかにも捕虜になった日本兵のいることを知った。酷暑の夏も過ぎ、明治節（現・文化の日）に行なわれた抑留者の美術品展覧会も終わった頃、新たに到着した捕虜が割り当てられているEエリアに移動するように指示された。

第二次戦時交換船注で帰国する抑留者を見送ったのはつい先日のことだったが、今度は、酒巻自身がハワイ以来、永らくお世話になった抑留者から別れて行くのである。彼は、心底から感謝する気持ちを胸に納めて、目礼しながらHエリアを出て行った。一一月一五日のことである。

ミッドウェー海戦の生存者

酒巻の記憶によると、Ｅエリアにはミッドウエー海戦で沈没した空母「飛龍《ひりゅう》」の機関長中宗中佐を先任者とする「飛龍」機関科員と重巡「三隈《みくま》」の乗組員、ウエーキ島付近とアメリカ機動部隊による東京空襲時の監視艇員など約五〇名の捕虜がいた。

一九四二年四月、前述のアメリカ機動部隊による日本本土空襲を許した日本海軍は、本土防衛態勢を確立し同時に敵機動部隊を誘出殲滅するため、ミッドウエー島の攻略を決定し、六月五日、同島の空襲を開始したが、味方偵察機による敵機動部隊の発見が遅れ、攻撃隊発進準備中に敵急降下爆撃機の奇襲攻撃を受け、「赤城」「加賀」「蒼《そう》龍《りゅう》」の三空母を損失した。

雲の下にあって敵機の攻撃を免れた「飛龍」は、第二航空戦隊司令官山口多聞少将の指揮により敵空母を攻撃するが、「ヨークタウン」（ＣＶ－５）を航行不能に陥れたに過ぎず、敵機の来襲を受けた「飛龍」は損傷激しく、駆逐艦「巻雲」の魚雷で自沈を図った。

このとき、艦内に閉じ込められ、艦橋との通信途絶のために総員戦死と誤認されたが自力で機関部から脱出した約一〇〇名のうちの三九名（漂流中に五名戦死）は、水と食料を積み込んだカッターで「飛龍」を離れた。

生存者三四名は一五日間漂流した後、アメリカ軍の哨戒機に発見され、現場に到着した水上機母艦「バラード」(AVD－10)が救助した。その後、沈没した他の艦艇の乗組員で捕虜なった者と一緒にハワイ、サン・フランシスコの収容所を経由して、リビングストンに到着したものと思われる。

トラックでEエリアに着くと、精悍な面持ちの男が「やあ、酒巻さんですか。こちらへ……」といって士官バラックに案内した。ここで中宗中佐に挨拶し、案内者が「飛龍」の分隊長梶本大尉、他の士官が機関長付の神田少尉と紹介された。

神田少尉が捕虜全般の面倒を見ていたので、酒巻はニュースの報道役を務めながら、込入った内情を察知した。要するに、下士官兵の統率についても先任者二人の意見が纏まらないのである。

PWのマークが付いた汚れたアメリカ軍の作業服を着て、やつれ果てた髭面の中で眼だけがギョロギョロと光る下士官兵の顔には、深い憂愁から変わり切れない一種の不気味な感情が溢れ、自暴自棄的な虚無主義《ニヒリズム》に陥った浮動状態にある。

酒巻は困った所に来たと思うよりも、彼が抑留者と一緒に生活して得た体験に基づく彼の考えと、この浮動状態から感じる空気のギャップを縮めたいと考えたという。しかし、それは「言うは易く行なうは難し」の譬《たと》え通りであることも、彼自身分っていた。

捕虜訊問所トレーシー

南国ルイジアナにも時折霜が降りる冬が来た。一月一日付で中宗中佐以下一六名がサン・フランシスコのマクドエル収容所に移動を命ぜられた。彼らは、これはてっきりどこかへ連行して処刑されると早合点し、殺されても動かないという態度に出た。収容所側も武装兵二〇〇名をEエリアの柵内に投入し、あわや惨事というときに、酒巻が身を挺して「手出しをするな。黙っていわれるとおりにやれ」と怒鳴り、事なきを得た。

中宗中佐たちの行先は、日本軍捕虜から情報を得るため、サン・フランシスコの東北部約一〇〇キロのパイン・ホットスプリングの廃《すた》れた保養地に、アメリカがジュネーブ条約違反を承知の上で盗聴器も取り付けて開設した極秘の捕虜訊問所トレーシーだったと思われる。

一九四三年元日の夜、第一陣の一〇名の捕虜がトレーシーに到着している。内訳は前年一〇月一一日～一二日、サボ島沖海戦で沈没した重巡「古鷹」の七名と一一月一五日の第三次ソロモン海戦で沈没した戦艦「霧島」の三名である。一月五日夜、第二陣の一五名の捕虜が到着。内訳は一九四二年二月、ウエーキ島沖で捕獲された特別哨戒艇「第五福久丸」の一名、六月ミッドウエーで沈没した空母「飛龍」の九名と八月アトカ島（アリューシャン列島）沖で沈没した潜水艦「呂六一」の五名という資料がある。

トレーシーの名称は秘匿しなければならないので、彼らの行先はサン・フランシスコ湾内のエンゼル島にあるマクドエル収容所と告げられたのであろう。そして、中宗中佐以下一六名は予定通り出立し、酒巻はEエリアで残留者三六名の先任者として全責任を負うことになる。

この日の夕刻、酒巻は娯楽室に総員を集合させ、切々と各自の本分を説き、内務方針、諸制度、新編成、作業時間、運動時間、学習（夜学）と時間を区分した日課を可決させた。酒巻自身もアメリカの地歴、アメリカ事情一般、基礎英語、数学、国漢を教えている。「小人閑居《かんきよ》して不善をなす」というが、捕虜に独座して煩悶《はんもん》する暇をなくさせたのである。

新所長の言葉に感銘を受ける

一九四三年に入って所長が交代し、先任者のダン中佐よりも社交的で几帳面、そして身だしなみの良いウイーバー大佐になった。彼は捕虜にも身だしなみに気を配るよう求めている。彼が抑留者の代表との談話の中で、次のように語っているが、酒巻は大佐のこの言葉に深く感銘を受けたのであろうか。彼の著作『捕虜第一号』と『俘虜生活四ヵ年の回顧』の双方に同じことが書かれている。

「私の弟は海軍大尉で、重巡『アストリア』（CA－34）に乗組んでいたが、第一次ソロモン海戦で戦死した。かつて駐米斎藤博大使が客死されたとき、その遺骨を持って日本へ行った。そのとき、日本の朝野の人々から熱狂的な歓待を受けて感激していた。弟は何時も当時の話をして、満開の美しい桜に彩《いろど》られた日本を賞賛するのが好きだった。しかし、その弟は日本艦隊との戦で『アストリア』と運命を共にした。弟の死からいえば日本人は憎い敵であるが、弟が話していた日本人のことを知っている私は真の日本人を理解して、収容所長としての職務を全うしたい」と。

本題から若干逸脱するが、日米間の情勢が日増しに険悪になりつつあった一九三九年、次のような心温まる出来事があったことをお知らせしたい。同年二月二六日、前駐米大使斎藤博がワシントンDCで死去。一九二五年、当時の駐日アメリカ大使エドガー・バンクラフトが日本で客死したとき軽巡「多摩」で遺体を礼送した返礼として、アメリカ側は「パナイ」事件の解決にも奔走した前大使の遺骨を軍艦で礼送することを決め、彼の遺骨は重巡「アストリア」に乗せられ三月一八日アナポリスを出港、パナマ運河とハワイ経由で日本に向かった。

四月一七日、「アストリア」は野島崎沖から駆逐艦三隻に先導され、出迎えの軽巡「木曽」と二一発の礼砲を交わし、星条旗と日章旗を半旗に掲げて横浜港に入港した。このとき、海軍次官山本五十六中将も出迎えている。

斎藤前大使の葬儀は四月一八日築地本願寺で行なわれ、その後日本側は「アストリア」乗組員を最大限にもてなした。艦長リッチモンド・ターナー大佐（後大将。一九四二年八月七日、連合軍が反攻の手始めとしてガダルカナル島に侵攻したときの上陸軍司令官）と副長ポール・シーサー中佐は、駐日アメリカ大使ジョセフ・グルーと共に昭和天皇に謁見《えっけん》した。季節は春。桜が爛漫《らんまん》と咲き誇る最も美しい、最も日本らしい日本。そして日本人の朝野を挙げての歓待を彼らは満喫したことであろう。

後日、斎藤夫人と令嬢からアメリカ側に返礼の石塔が贈られ、前大使の遺骨がアメリカを離れた地、アナポリスの海軍兵学校のルース・ホールの前に建っている。一九八八年の秋、前出の松永氏と一緒に筆者は同兵学校を訪れたことがあるが、その石塔は御影石で細長く、戦争や風雨にもめげず、異国の地に日本風の佇《たたず》まいを見せていた。香川県小豆郡豊島村の名工奥村佐吉作と聞く。

二月下旬、中宗中佐たちが帰って来た。ソロモン方面で収容された松本少佐（重巡「古鷹」運用長）以下一〇名も加わった。中宗中佐は諸々の心労から精神異常を来たしていたので、松本少佐が先任者となり、酒巻は同少佐の賛同を得て、その指導の下に従来通りの方針で下士官兵の指導に当たった。

短い冬が終わり、春も駆け足で通り過ぎて夏が近づいた。五月二〇日、酒巻たち六二名は、彼が元いたマッコイ収容所行きを命じられた。隣のエリアにいたハワイ以来あれこれと気を配ってくれた抑留者も別の収容所に向けて旅立ち、再び顔を会わすことはなかった。

注：第二次交換船「グリップス・ホルム号」――ニュー・ヨーク発九月二日、ポルトガル領ゴア（インド南西部）着一〇月一六日。帰国者はここで「帝亜丸」に乗り換えて同地発一〇月二一日、横浜帰国一一月一四日となっている。

ウィスコンシン州マッコイ収容所（一九四三年五月二二日〜一九四五年六月二九日）

五月二二日マッコイ収容所に到着すると、懐かしいロジャーズ所長が酒巻たちを出迎えた。ちょうど一年前、酒巻たちがマッコイからテネシー州のフォレスト収容所に移動したときに建設中だった新キャンプは完成し、ここは旧キャンプと呼ばれるようになり、病室と独房が増築されていた。

酒巻たちはB、Cエリアに収容された。新キャンプは二個師団を収容可能で、欧州戦線に送られた日系二世の第四四二連隊戦闘団も当地で訓練されている。季節は風薫る五月。新緑の丘や野原など、そぞろ故郷を偲《しの》ばせるような風景が周囲を取り囲んでいた。

この収容所で酒巻たちは「捕虜ノ待遇ニ関スル条約一九二九年七月二七日」（ジュネーブ条約）に従って収容所の管理・整理・保存と報酬労働を始め、秩序整然とした行動をもって収容所側に協力したので、所長も捕虜がその苦しい立場を忘れ、愉快に過ごせるようにと色々配慮してくれ、模範的団体生活を確立した。

所内の菜園では、ネギ、キャベツ、大根、胡瓜《きゆうり》、南瓜《かぼちゃ》、馬鈴薯等の野菜が収穫されて食卓を賑わした。洗濯機、裁縫ミシン、電気アイロン等の備品も充実した。娯楽室ではビリヤード（玉突き）やピンポン（卓球）、バラックではチェッカー、チェス、ダイアモンド・ゲーム、囲碁、将棋などを楽しんだ。読書に親しむ者もいた。そして酒保では日常品が自由に購入できた。

この頃、酒巻は当時の言葉でいえば「滅私奉公」、寸暇を惜しんで無我夢中で働いている。所内の整理整頓、外部との折衝、衣食住全般の世話などなど。彼は「捕虜になっての再生」された捕虜の力が、戦死した先輩、同僚、後輩の分も含め・新生日本の力となることを乞い願っていたのである。収容所を修養所と思い、単調な捕虜の日常生活の一駒、一駒に心を込めて行なうように指導している。

その具体的な手始めとして、酒巻は各自が身体や被服を清潔に保ち、居場所の美化から始めさせた。その結果、所内は何時も清潔整頓が行き届くようになり、土曜日の大掃除後、ロジャーズ所長は各バラックを点検して「非常に綺麗だ。ありがとう」と労《ねぎら》いの言葉をかけるのが慣習となった。彼の感謝の言葉は単なる社交辞令ではなく、いかにして捕虜を明るく楽しい生活に導くかに腐心した人間愛に基づいていたのである。そして国情の相違から生じる捕虜の苦しい立場を理解し、酒巻の訴えも快く聞いてくれたという。

この頃、スイスにある赤十字国際委員会（International Committee of the Red Cross）から視察団が来訪した。そして後日、次のように新聞紙上でコメントしたという。「戦時下の軍事捕虜及び抑留民間人収容所視察のため、欧州諸国及びアメリカ国内の各収容所を訪問したところ、アメリカのマッコイ収容所内の日本人捕虜収容所は、最も清潔整頓が行き届いていた……」

捕虜の増加

しかし戦局は我に利あらず、一九四三年九月から年末にかけてアッツ島から陸軍兵約三〇名が移送されて来た。年末からは南東方面からマラリアに罹《かか》った陸海軍軍人、軍属、非戦闘員も一〇名、二〇名と束になってやって来て、一九四四年一月には総員が一〇〇名を越えた。

戦場はギルバート、マーシャル諸島に移動し、三月には二〇〇名、四月には加速度的に増えて五〇〇名を超え、遂に収容所は手狭になったので、五月三一日、酒巻を含めた准士官以上約三〇名は新キャンプの病院内の一隅に移転した。

この間に、所内の塵芥《じんかい》処理を巡って所長の指示に捕虜が反対した。酒巻はその板挟みになって苦労し捕虜側に立ったので、折角二年間に渡って築き上げた所長と酒巻の間の信頼感も消滅し、所長は酒巻を敬遠するようになる。

新来者《ニュー・カマー》がある度、酒巻は情熱を込めて新しい生活態度を説いたが、彼らの考えは一朝一夕では変わらない。聞いたときは理解しても、現実の生活を始めると、新しい考えと、古い考えから起こる実際とに大きい食い違いを見出すのであろうか。捕虜の生活の再建は先ず心の再建からと思ったが、過去の残滓《ざんし》を拭い去ることも新しい考えに変わることもできず、実効は少なかったようである。

また、酒巻は捕虜の数が増えても、基礎固めさえしておけば大多数の者が新しい方向に進んで、収容所全体としての空気を一定方向に誘導できると考えていたが、その考えも甘かったようである。

捕虜の人数が増えるに連れて種々の問題が発生したが、その中で一番厄介《やっかい》だったのは階級とそれに絡む作業の問題（下級者ほど人の嫌がる作業を割り当てられる）であった。うるさいのはお茶挽き（進級に洩れた者。遊女が客のないとき茶臼で葉茶を挽く仕事をさせられたことから）の古参兵である。ただでさえ問題があって進級が遅れている上に、捕虜には進級がないので早い時期に捕虜になった者は、何時まで経ってもリストに載っている通りの兵隊である。

そこへ二年も三年も遅く入隊した者が下士官になってやって来る。兵隊の一番古手、昭和一二年入隊組辺りが不平分子の親分であった。彼らは「二年も三年も後から海軍に入隊して下士官づらをするな」などといって因縁をつけ、ときには下士官兵の間で上官暴行事件が起きたこともあったという。

このような下士官兵に対し、酒巻は「私も少尉のままだが、昔、指導したかも知れない後輩が中尉で来ている。しかし、少尉は少尉。中尉は中尉だ。だから、私は彼に敬礼する。公務のときは階級が優先するからだ。だが私生活においては年齢や人格を尊重すべきである」と、こんこんと言い聞かせた。

一年半にわたり寝食を共にしてきた彼らと別れるのは、彼らの生命を守るために自身の生命を賭けていた酒巻にとって、後ろ髪を引かれる思いがした。

期友《クラスメート》の豊田穣は、このマッコイ収容所に四月初めに来ていた。二人は収容所内の酒保で配給の小瓶ビール一本をクーポンで買い、侘《わび》しいクラス会を開いて久闊《きゅうかつ》を叙したという。

終戦への見通し

士官が去った後の旧キャンプでは下士官が作業監督などの直接指導に当たり、新生活が始まった。新・旧キャンプ間の連絡はできたが、ほとんど別個の行動をとることになった。

六月に入ると、連合軍は欧州戦線では北仏ノルマンディーに上陸。太平洋戦線ではサイパン島に上陸してマリアナ沖海戦が行なわれ、日本海軍は死起回生を図るも惨敗した。マリアナ諸島が失陥し、B－29戦略爆撃機による日本本土爆撃が可能になる。

東條内閣は退陣、小磯・米内協力内閣が成立したが、戦局は悪化の一路を辿り、予想通り、捕虜が続々とマリアナ諸島から来着し始めた。朝鮮人軍属数百名も別の区画に収容され、捕虜の人数は一挙《いっきょ》に一〇〇〇名を超えた。

この頃になると比較的はっきりと終戦への道程が見通せるようになった。当時、士官の間では日本が負けるという意識とそれに対する覚悟が強くなっていたようである。しかし、軽率な一言は「百害あって一利なし」なので、口に出していう者はいなかった。士官は別にすることもなかったので、麻雀やトランプ、はたまた運動をして気を紛らせていた。

一〇月、新キャンプの一隅にあるMP（憲兵隊）が使用していた四棟の二階建ての兵舎が空いて酒巻たちが移動し、再び、先住の下士官を含めた士官・下士官収容所になったので、旧キャンプ時代同様、指定作業のある多忙な日常となったが、別段変わったことも起きなかった。旧キャンプでは、マリアナ諸島の失陥後、その収容者は二〇〇〇名を超えた。それぞれの場所を区分して、旧キャンプ組を第一大隊、増設した旧キャンプ組を第二大隊、酒巻がいるところを第三大隊、元設営隊の朝鮮人組を第四大隊と称するようになった。

年が変わって一九四五年二月四日、マリアナ方面から斎田中佐以下約二〇〇名の士官・下士官兵が酒巻たちの旧MP兵舎に到着。同中佐は、酒巻や豊田が兵学校生徒だった頃の教官である。「今頃、捕虜の先任者になるとは……」と苦笑しながら松本少佐と交替した。

収容所の管理方針は、上級士官が収容所側と調整した上で定め、下級士官は上級士官の意を体して補佐した。酒巻は内務事務と酒保供給関連事務を担当している。

戦局は悪化の一途を辿り、三月二四日、アメリカ軍は硫黄島を占領、四月一日、遂に沖縄に上陸。四月四日、小磯内閣総辞職、鈴木内閣が成立。四月一二日、フランクリン・ルーズベルト大統領が死去し、ハリー・トルーマン副大統領が昇格。五月八日、ドイツが降伏して欧州では戦争が終結。日本一国だけで、全連合国を相手とすることになった。

二人の脱柵者

初夏のある夜、酒巻は荒々しい声で目を覚ました。誰だ。今頃まだ麻雀でもやっているのかと思って寝込もうかとしたとき、「テンコー、テンコー」(「点呼」。一人々々の名前を呼んで、全員の所在を確認すること)と不寝番の兵隊が叫んだ。非常事態発生である。酒巻はとっさに跳び起きて屋外に出た。初夏とはいえ屋外は寒かった。バブワイヤのフェンスの所々に立つ電柱に取り付けられた電灯が夜風に震えて整列している酒巻たち捕虜の顔をぼんやりと照らしている。

兵隊が捕虜を数え、数え終わったところで「二名不在」と当直士官に報告した。調査したところ小原と中山がいない。自殺か、逃亡か？　いくら探してももう収容所内にはいない。「こん畜生。逃げやがったな」「だが、何故断りもなく逃げ出したのか」困ったことが起きたと酒巻は思わずため息をついた。

小原は海軍水兵長、中山は設営隊の人夫で、共にサイパン島で捕虜になった。ところが、収容所では士官の方の待遇が下士官兵のそれよりも良いとでも思ったのか、小原は少尉、中山は兵曹長と階級詐称《さしょう》で申告し、途中の下士官兵の収容所では中隊長もやっていた。しかし、捕虜の中に彼らの同僚がいて、二人がこの収容所に来たとき、本当の階級を暴露したのみならず中隊長のときに彼らが取った傲慢《ごうまん》無礼《ぶれい》な態度についての裏話も披露したので、それを聞いた下士官が二人を制裁すべきだと息巻いた。

そこで斎田中佐や酒巻が二人を取り調べ、総員の前で謝罪させた。それで一応ケリが付いたはずであった。しかし、不正に階級詐称の申告をした二人はリスト上では士官なので下士官兵のする仕事（重労働）をさせるわけには行かない。階級を正直に申告した者は重労働をやらされる。正直者が馬鹿を見る。このような矛盾が下士官の気持ちとしては、何か満足しきれない余燼《よじん》としてくすぶっていたのではないか。

軽作業のみ行う二人の態度が面白くないとか、総員に謝罪したときの言い方が不遜であったという者も出て来た。不穏な空気を察知した酒巻は、二人に下士官兵の仕事も手伝うように指示したが、二人は、遂に逃げ出したのである。身から出た錆とはいえ、収容所内の彼らに対する険悪な空気に耐えられなくなったのであろう。

二人はバブワイヤを破って脱柵《だつさく》し、真っ直ぐに旧キャンプに行ってロジャーズ所長の所に逃げ込んだのである。そして階級詐称のことはいえないので、ひたすら新キャンプ内で虐待されていると訴えたらしい。二人の申し立てに基づき、早速、斎田中佐の補佐をしている梶本大尉や酒巻が相当厳しく取り調べられた。しかも、その矛先は酒巻に向けられていたという。

二人は、酒巻は大人しくて恐ろしくない人間と思ったのか、ありとあらゆる讒言《ざんげん》をしていたのである。「酒巻は旧キャンプ以来、捕虜を扇動しては所長に対抗させ、日本人の間では平然とリンチを行ない、すべての実権を握った悪徳のボス」ということであった。酒巻は、この時までにロジャーズ中佐を二年間も知っていたのであるが、このときほど彼が酒巻を嫌悪の目で見たことはなかったという。

酒巻は、余りの罵詈雑言に呆れてものがいえなかったが、務めて冷静に「ロジャーズ所長、私は日夜苦心に苦心を重ねて貴方と協力して来ました。貴方には私の真実の心を知って欲しいと思います。必ずや、それが解るときが来るでしょう」といったが、彼は酒巻が言い逃れをしているとでも思ったのか、憤然として席を蹴って出て行った。そして、このとき以来、酒巻の銘々票（捕虜の人定事項が記載されたカード）には、「ペルソナ・ノン・グラータ」（好ましからざる人物）のレッテルが貼られたのではないかと思われると、彼はいう。

六月二二日、特攻隊の善戦空しく沖縄は失陥した。後は本土決戦のみである。囚われの身となって異国にいる酒巻たちは、どのような気持ちで祖国の敗退を見詰めていたのであろうか。この月の下旬、酒巻たち約四五〇名の捕虜は斎田中佐に引き連れられ、ロジャーズ所長に見送られながらマッコイ収容所を後にした。行先はテキサス州のケネディ収容所である。

参考：俘虜の待遇ニ関スル条約　一九二九年七月二七日（抜粋）

第三款　俘虜ノ労働

第一章　総則

第二十七条　交戦者ハ将校及之ニ準ズル者ヲ除キ健康ナル俘虜ヲ其ノ階級及才能ニ従イ労働者トシ

テ使役スルコトヲ得ベシ

第一章　労銀

第三十四条　収容所ノ管理、整理及保存ニ関スル労働ニ対シテハ俘虜ハ労銀ヲ受ケザルベシ　他ノ労働ニ使役セラルル俘虜ハ交戦者間ニ協定セラルベキ労銀ヲ受クル権利アルベシ

テキサス州ケネディ収容所（一九四五年七月二日～一二月八日）

ウィスコンシンの雪国からミシシッピの広野を北から南に縦断して着いたところがテキサスである。テキサスは南部の州で、ケネディ収容所はその南西部にある。収容所はテキサス平原の一部が見渡せるなだらかな丘陵の上に建っていた。炎天下を駅から隊伍を組んで収容所に通じる舗装道路を歩いて行った。

ところが、神経に異常を来たしている中宗中佐が、「俺は歩かないよ。殺してくれ」といって立ち止まった。酒巻は彼を宥《なだ》めすかして引っ張って行こうとしたが、遂に列から遅れてしまった。

やっと収容所の入口に着いたので入ろうとすると、「待て。入っちゃいかん。お前たちは何故遅れたのか」と、サングラスをかけた大尉の階級章を付けた男から怒鳴られた。ここの収容所長であろうか。そこで酒巻は事情を説明したが、その大尉は取り

合わない。そうこうするうちに斎田中佐がやって来て、その大尉と交渉した結果、やっと収容所に入ることができた。

この収容所もフォレスト収容所と同様、五名位が入居できるハットが何列も並んでいて、所々に食堂や兵舎が配置されていた。ここでの生活は、マッコイ収容所の延長に過ぎなかった。毎日、酒巻は作業計画を立て、監督し、収容所の運営については、入所後間もなくして交代したテーラー大尉や彼の部下のデッカー軍曹と交渉した。酒巻には彼らが酒巻のやり方に批判的なのを感じていたので、他の士官との交代を斎田中佐に申し出たが、「君がやらないと内部が持たない。まあ、そのままやってくれたまえ」という返事だった。

しかし、数日後に士官区域の烹炊《ほうすい》（煮炊き）と清掃作業が命令された。それは当然捕虜がしなければならない作業ではあったが、当時の日本軍人にとって、非常に抵抗を感じる種類の作業であったことも事実である。

そこで総員を集めて相談したところ、断ることで衆議一決した。その交渉に当たるのは酒巻である。命じられた作業を拒否したのだから独房に入れられるに決まっている。酒巻はハットの中にある物品を片づけて所長室に出向いた。テーラー所長もデッカー軍曹も酒巻に多くを語らせる必要はなかった。士官は収容所内で隔離され、下士官兵は命じられた作業をすることになった。

独房

独房は二重の鉄格子と鉄壁で囲まれ、一畳敷くらいの鉄板と同じ広さのコンクリートの土間とベッドが置かれていた。昼間はじりじりと照りつける太陽の熱気が鉄壁から伝わり、夜になるとコンクリートの土間や鉄板から冷気が忍び込んだ。酒巻は、することもなく、日夜ベッドの上に座ったり寝転んだりしながら、瞑想に耽《ふけ》っていた。寝転んで壁を見つめると、ここに入れられていた日本人やドイツ人の落書きが眼についた。入念に何かで刻んだらしく、読みづらかったが、氏名と期日であることは分った。

立ち上がって鉄格子越しに外を見ると、赤屋根の農家風の家がポツンと一軒建っている。時折、汽笛を長く鳴らせ、見え隠れしながら汽車がテキサスの広野を走っていた。主として貨物列車である。

汽車が遥か遠くの丘の向こう側に消えて行くのを見ながら、貨車数を数えた。通常、六〇〜一二〇台の貨車を連結していて、その大半が石油タンク車だった。

二週間くらい独房で過ごした後、ハットに戻った。その後は下士官兵の面倒をみなくなったので、再び自分の生活が始まった。午前中はハットに籠《こも》って勉強し、午後は野球や庭球を楽しみ、夜は麻雀やカードをして遊んだ。

七月初旬、酒巻たちがこの収容所へ来たとき、マリアナ諸島や硫黄島で捕虜になった者が約六〇名いた。そのときの総員は約五〇〇名であったが、七月から八月にかけて約五〇名の新来者があり、山本大佐が新先任者になった。しかし、若い士官の一部の者の方針と山本大佐のそれとは若干食い違いを生じていた。

当時、日本本土では空襲が続行され、捕虜生活も左程長くはないと思われたので、収容所内の指導方針について、酒巻は最早昔ほどの興味と執着を持たなくなっていたという。

日本降伏

八月に入って、広島と長崎への原爆投下とソ連参戦が報道された。誰の目にも敗戦に対する不安が現実味を帯びて来て、収容所内は重苦しい空気に包まれた。一三日、日本が降伏するというニュースが伝えられ、警備兵が非常警戒配備に就いた。翌一四日、収容所長テーラー大尉は山本大佐を呼び、日本の降伏を正式に通知した。総員集合が命じられ、山本大佐が終戦を伝達すると共に軽挙妄動《けいきょもうどう》を厳しく戒めた。

その夜、酒巻は当てもなく収容所内をぶらついた。満天に星が輝き、アメリカ兵の兵舎では賑やかに騒いでいた。戦争は終わったが、戦闘員として国を賭けた戦争に参加し、一敗地に塗《まみ》れたのである。その責任の一端を感じないわけにはいかなかった。その罪を懺悔《ざんげ》し、敗戦から学んだ貴重な教訓を戦後に活かさなければならない。

終戦後も、収容所の生活はそのまま続けられた。日が経つにつれ、帰国のことが話題に上り始めた。帰国したいという気持ちが郷愁を誘い、故郷や家族の夢を見て明るい気持ちになる反面、捕虜に対する当局の調査や国民の感情を考えると、落ち着かない不安な気持ちで毎日を過ごした。

そして一二月に入ると、近々帰国するという噂が流れた。一二月八日、ケネディ収容所を出発し、サン・アントニオ、エル・パソ、ツゥーソン、フェニックス、ロス・アンゼルス、オークランド、ユージーン、ポートランドを経由してシアトル着。足掛け六年にわたる異国での俘虜生活に別れを告げ、懐かしの故国に向かうことになったのである。

酒巻が捕虜となって最初に収容されたシャフター駐屯地

ホノルル湾内にあるサンド島収容所では邦人、ドイツ人抑留者と一緒

雪景色のマッコイ収容所。アメリカ本土に移され最初に収容された〔Library of Congress〕

酒巻和男少尉が捕虜生活を送った収容所

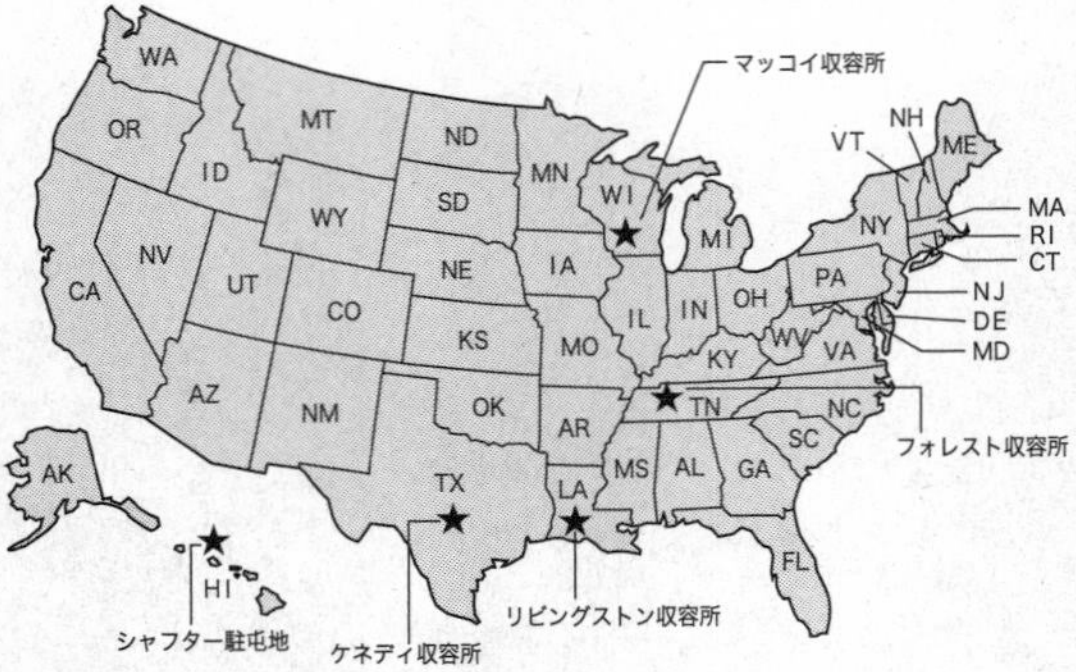

シャフター駐屯地・サンド島（ハワイ準州）	1941年12月8日〜1942年2月下旬
マッコイ収容所（ウイスコンシン州）	1942年3月9日〜5月20日
フォレスト収容所（テネシー州）	1942年5月下旬〜1942年6月29日
リビングストン収容所（ルイジアナ州）	1942年7月1日〜1943年5月20日
マッコイ収容所（ウイスコンシン州）	1943年5月22日〜1945年6月29日
ケネディ収容所（テキサス州）	1945年7月2日〜12月8日

1ヵ月間暮らしたフォレスト収容所〔U.S. Air Force〕

ミッドウェー海戦での捕虜とも一緒だったリビングストン収容所
〔National Archives, Washington,D.C.〕

俘虜生活最後の半年間を過ごしたケネディ収容所

酒巻ら元捕虜約880名が帰国時に乗った輸送船「モーマックレン」

終章　帰国

シアトルから乗船

一九四五（昭和二〇）年一二月一三日、終戦に伴って捕虜生活から解放され、帰国する喜びが満ち溢れた笑顔の酒巻たちとヘルン収容所にいた者が一緒になった約八八〇名の元捕虜は、シアトルで輸送船「モーマックレン」に乗船した。

捕虜になるという数奇な運命に弄ばれた結末のアメリカ生活も終わり、戦禍で荒廃した祖国日本の再建に、今は亡き戦友の分まで尽くそうと決意した彼らは、家族との再会を夢見て嬉々としていた。

しかし、船がシアトルの港を離れ、辛かったが想い出多きアメリカ大陸が次第に小さくなって水平線の彼方に消えて行くにつれ、酒巻は郷愁に似た感情に駆られていたという。そのときの彼の感情を少々長くなるが、「手記」から引用したい。

「異国の鉄柵の中で凝《じ》っと自分を見つめた捕虜生活、それは感傷というにはあまりに長い冷たく深刻な四年間であった。大きい不思議な運命に遇《あ》いながらも、私は重なり合った痛々しい煩悶《はんもん》の中から目覚め歩いてきた。そして今、人間の常道へ復帰しようと海を渡っているのである。(中略)そして、どこへどうなっていくか、私にはとても解らないが、行方に開かれたただ一条《ひとすじ》の明るい平和な道——そこを私は自由に闊歩《かっぽ》して行けるようになったのである。世の中も、変わったはずだ。私には、それが何となく嬉しいのだ」

時化の海で

出港してから最初の一〇日間は、冬場の北太平洋には珍しい好天続きに恵まれ、元捕虜は遊戯に夢中になり、平穏な船旅を楽しんでいた。しかし、船が西向きにコースを変える頃から天候は次第に悪化し、遂に酷い時化《しけ》になった。そして怒涛《どとう》は容赦なく船体を叩き続けた。

「おーい、また来たぞー」

身体が持ち上がる様に感じたとき、それが上昇時のゆっくりとした揺れの始まりである。「これから一体どうなるのだろうか」という不安に遠慮会釈もなく、七四〇〇トンの船体はぐんぐんと持ち上がる。この持ち上がりが衰えると、船体はゆらゆらと揺れながら一時空間に停止する。

しかし、ホッと一息した瞬間、船体は再び大きく揺れながら、ゆっくりと船首から下降時の揺れに移行する。そして加速度がついて奈落の底へと急下降する。身体が船体から離れ、そのまま宙に浮いたように感じる。下降時の速度が加わった船首部が凄まじい勢いの怒涛を叩きつけて下降運動は急停止する。電気溶接の船首部がポキンと折損する恐れがあるのではないかと心配するほどである。

「ドカン」という物凄い大音響。その瞬間、異常がないかと素早く辺りを見廻す。「水が入って来ない」と気づき「生き延びた」と直感する。そして、少しずつではあるが日本へ近づいている喜びを感じるのである。

しかし、この間に船酔いのため、自律神経の病的な反応により身体が感じる症状は、頭痛、顔面蒼白、吐き気、胃の不快感、さらに悪化すれば嘔吐を引き起こす。大半の者がベッドに横たわって呻吟し、蚕棚の支柱を握りしめて、ひたすら時化がおさまるのを待つのみであった。

海が最も時化た日は二六日で、船が日付変更線を通過した日（日本の日付は一日早まる）であった。この日の夜も酒巻は当直に就いていた。というのは、海に慣れない陸軍将校が船酔いで当直に就けないと、酒巻が彼らの勤務を代行していたからである。

酒巻が当直室で眠い目をこすりながら上番の大井中尉が来るのを待っていると、波の飛沫《しぶき》で顔を濡らした大井中尉が現われて、当直交替の引継ぎ時に「昨夜の話だがね、あれは小原と中山に間違いないというもっぱらの噂だよ」といった。

「前の船で二名の元捕虜が海に落ちて行方不明になった。海が時化ているので注意するように」と、昨夜当直将校から放送があった。あまりにも海が時化ているので、酒巻たちよりも二日前に出港して同じコースを先行している復員船の元捕虜のうち、誰かが誤って海中に落ちたものと酒巻は思っていた。

しかし、考えてみれば、後、旬日を経ずして日本に着くのに二人も海に転落とは？小原と山中が酒巻たちの前の船に乗ったらしいことは、出港前から分かっていた。マッコイ収容所でこの二人が脱柵して他の捕虜に迷惑をかけたことに、未だ彼らは憤激している。だから、他の連中が彼らを海中にほうり込んだに違いない、というのである。もし事実なら同じ日本人として残念至極と思いながら、酒巻は寒い夜風に吹かれて手摺を伝って居室に戻った。

酒巻が乗るこの船の中にも、他の収容所から来た者の中には互いに怨恨《えんこん》を抱く者同士が乗り合わせている。類似の事件防止のため、日本に着くまでの数日間、彼の注意と警戒はこの連中のために集中され、万一の場合の非常手段をとることさえも研究していたという。

数日続いた時化も静まり、酒巻たちは昭和二一年の正月を船上で迎えた。粥《かゆ》の残りとメリケン粉で作った特製の餅を入れた雑煮やちらし寿司など、正月前から苦心して作った料理は格別に好評だった。

あの荒天時の船酔いを、今泣いた烏ではないが、けろりと忘れたように、元捕虜は嬉々として上甲板ではしゃいでいた。彼らは、日本が見え始める時間の当てっこや、家に帰ってからの仕事の話に花を咲かせていた。

見えてきた日本

一月四日の朝、遂に日本が見え始めた。房総半島最南端の野島崎灯台がそれである。朝靄《もや》の中にその白い清楚な姿が見える。酒巻を始め、誰も日本に帰り着いた喜びを抑えることができなかった。

しかしその半面、海軍は昨年一一月末に解体・消滅しているので軍法会議はないと思われるが、それに準ずる正式な調査や、郷里に帰れば戦死したことになっている元捕虜を人々はどんな気持ちで迎えるであろうか、これからの仕事はあるだろうかなど、複雑な悩みが頭の中を駆け巡る。これらが解決されない限り、元捕虜は、真に心の底から帰国を喜ぶことはできないのである。

一〇時頃、房総から伊豆、相模の山々、そして雪に覆われた富士山がその美しい容姿を見せ始めた。本当に日本に帰り着いたという気持ちが込み上げて、独りでに目頭が熱くなる。真冬にしては風もなく、暖かい陽光が酒巻たちに降り注いでいだ。自分たちの将来もこうあって欲しいものだと思いながら、酒巻たちは飽かずに祖国の山々を見つめた。

東京湾に入る頃から星条旗を掲げ、わが物顔に行き交うアメリカ海軍の艦船を見るようになって、敗戦という厳しい現実を突きつけられた。戦争の犠牲は大きく、その結果も厳しい。国内はどんなに物資が不足し、人心は未曽有の敗戦で荒廃しているのであろうか。そう思うと、誰もどうすることも出来ない運命が、日本人の上に大きく伸し掛かっているように感じた。

一一時半頃、「モーマックレン」は浦賀沖に投錨した。いよいよ上陸、祖国に帰ったのである。

故国への上陸

昼過ぎ、数隻の団平船に分乗して酒巻たちは上陸した。船員たちは「モーマックレン」の舷側から乗り出して、手を振りながら見送ってくれた。「ありがとう。お元気で。さようなら」と、感謝の言葉を交わしながら酒巻はタラップを降りて行った。それは足掛け六年にわたって酒巻を見守り続けてくれたアメリカ、そしてアメリカ人に対する感謝を込めた感慨深い別れの言葉でもあった。

団平船には船頭の爺さんと第二復員省の若い事務官が乗っていた。捕虜であった酒巻たちは、彼らから一種違った日本人のように思われているのではないかと懸念したが、二人はそんなことには全く無頓着で「ご苦労様でした」と歓迎し、あれこれと日本の現状を話してくれた。

つまり、東京や大阪といった大都市はいうに及ばず、小中都市を含め、都市と名の付くものは全部焼け、爆発的に発生したインフレの中で闇値《やみね》（公定価格〈政府が定めた商品やサービスの最高・最低・標準価格〉を無視した取引の値段）はうなぎ登りに上昇し、煙草《タバコ》一本が一円ではあるが、平和になって世の中は次第に落ち着いてきているとのことであった。

団平船が桟橋に着くと陸軍と海軍に分かれてそれぞれ違った収容所に行く手筈にな

っていたので、陸軍の者とは挨拶もそこそこに、あっけない別れになった。上陸者でごった返す桟橋から先着した者が集まっている民家の前まで来ると、「おい、酒巻はいないか」と太い声がした。今頃こんなところで、一体誰かと不審に思って声の主を探してみると、汚れた飛行服に略帽という出《い》で立ちで同期の安藤がいた。「よう、貴様生きとったか」と彼は酒巻の肩を軽く叩く。昔と変わらず髭の濃い心臓が強い男である。それから二人で大井中尉を探し出し、三人は予期しなかった不思議な再会を喜び合った。

復員者が帰省するまでの間、当面宿泊させる元海軍工作学校は丘一つ越えた久里浜にあったので、そこに行く前に酒巻たち三人組はＰＷのマークの付いた外套を着て浦賀の町を歩いた。

強い磯の香が鼻を突き雑然とした古い軒並み伝いに歩いて行くと、狭い道端で遊んでいた子供が「おじさんたち捕虜だろう。この前も、そんな服を着た人が大勢歩いていたよ」と話しかけてきたので、酒巻は苦笑した。と同時に、捕虜という言葉やその戦中の概念は、日本でも既に過去の遺物になっているのではないか。そして、何時まても捕虜であったことに陰湿に拘泥《こうでい》しているのは元捕虜自身ではないだろうか、と思ったという。

酒巻たちが先に元工作学校に着いて待っていると、一〇時頃、遠出をした連中が帰って来て、雑多な情報をもたらした。曰く、米一升（約一・五キロ）が幾ら、ミカン一山が幾ら、電車には窓ガラスがない、などなどである。

宿舎では、神田少尉が夕方から姿を消した中宗中佐のことを案じていた。久里浜駅で「それらしい人が電車に乗った」ということ以外、全く行方が分からないという。そこで、酒巻たちは考えた上で「中宗中佐は、そのまま帰省した」と結論した。彼らはどういう方法で中佐を家まで届けるかについて心配していたのであるが、全く意外な結末になって取り越し苦労をしていた訳である。

逃げた元捕虜

一件落着し、久し振りに懐かしい海軍の毛布に包まって帰国第一夜を寝ようとベッドに潜り込んだ。流石に陸上《おか》は船よりも冷え込む。目を閉じて今日は終わった、明日の予定はと考えていると「あっちへ行った。逃すな」などと大声を上げて数名の者がバタバタと走り回っている足音がする。やがて当直の事務官が呼びに来た。

佐々木のことに違いないと思って本館にある当直室に行くと、案の定彼のことであった。佐々木はサイパン島が失陥する前に敵に投降した男で、彼はその後敵兵を味方の兵士が潜む洞窟の入口へ案内し、拡声器で降伏勧告をした。それに釣られて敵に降った者もいる。

そんなこともあって、彼はアメリカの収容所にいたときから他の捕虜に好ましい印象を持たれていなかった経緯もあり、今夜、下士官の宿舎で彼を制裁しようとしたところ、彼は上手く追手を巻いて逃げたらしい。そこで中本一水たちが「今夜探し出して、アイツの根性を叩き直してやる」と息巻いていた、ということである。

何はともあれ、暴力を振るうことは論外である。酒巻は所長の私室に逃げ込んでいた佐々木を諭《さと》して、戦中の前非を悔いて素直に誠意を示して謝ることを約束させ、事務官には復員終了時まで彼の身柄を預かってもらうことお願いして、この件の決着をつけた。

復員式

帰国二日目には第二復員省から担当官が元捕虜の士官の調査に来たが、あれこれと妄想したようなお咎《とが》めはなく、消息調査が主体で終わった。しかし、酒巻の場合、数日復員省へ出頭を命じられたというが、その内容については「手記」では触れていない。

翌一月六日、酒巻は数年ぶりにPWのマークのない緑色復員服（第三種軍装？）に着替え、宿舎の前で復員式を行なった。これで約一〇年にわたる軍人生活を終えて文民（シビリアン）になったのである。昼食時にはわずかの酒で別杯を交わし、尽きない名残を惜しんだ。

午後には大半の復員者が支給されたリュックを背負い、宿舎の門を出て行った。その緑色のリュックには語りたくない重い捕虜の過去でも詰めているかのように見え、トボトボと歩いて行く後ろ姿は、見るに忍びないほど侘しかった。

その翌日から酒巻は東京の復員省に通った。乗り慣れている横須賀線ではあったが、戦前と比べると、列車の内外とも酷く汚れ、窓ガラスは割れてなかった。復員省から帰るついでに宮城《きゅうじょう》、靖国神社、銀座や上野に行って東京の姿を見た。戦争がどれだけ人間に罪悪をもたらすか、栄光に満ちた軍人の生活がどれだけ一般社会人のそれと異なるかを旧帝都の戦火による荒廃を通じて目の当たりに見て、彼の軍人生活に決定的な終止符を打とうと考えたからだという。

故郷徳島へ

一月九日、復員省での調査が終わり、酒巻は好むと好まざるとに拘わらず、帰省する以外に道がなくなった。手紙や電報は何日経って届くか分からないと聞いたので、徳島の実家には何の連絡もしていなかった。自分の家に帰るというのに、まるで腫物《はれもの》にでも触るような気持ちだったのである。

そこで一月一〇日、最後の東京見学を終え、その晩の門司行きに乗るためリュックを背負って東京駅のプラットホームで列車を待った。列車がホームに入ると乗客がワッと体当りで列車に殺到し、あっという間に満員になってしまった。酒巻は、この列車を諦めて、二時間後の米原《まいばら》行きに乗った。今度は前の列車ほど込み合っていなくて、洗面所の隅を占めることができた。

米原で東海道本線に乗り換えたときは、さらに混雑していたが、今度は少々強引にデッキの端っこに乗りこんだ。冬場には名古屋を過ぎ米原、彦根を通過して京都に着くまでは伊吹颪《おろし》の降雪に見舞われるのが定番であるが、ご多分に洩れず、酒巻も雪が舞い込んで身体に積もったと書いている。リュックも京都駅に着いたときはずぶ濡れになり、底には大きな穴が開いてしまったとあるが、どんな生地だったのだろうか。

一月一一日、岡山から高松へ連絡船で渡り、高徳線で徳島着。徳島線の最終列車に乗って故郷の川田駅に着いた。駅は昔のまま、改札口の駅員も顔見知り、駅前の軒並みも十年一日が如し、何も変わっていない。数分歩くと懐かしい岩津の渡し場に着いたが、舟が来るまで懐かしいお国訛り丸出しでしゃべる乗客の話に聞き入った。村のことや村人の噂が手に取るように分かり、酒巻自身が土地の人間に還って行くように感じられた。

やがて暗闇に中からギー、ギーと櫓《ろ》を漕ぐ音が聞こえ、舟が着いた。ばたばたと乗客が船に乗り込むと、船頭はゆっくりと櫓を漕ぎ始めた。遠くの町の灯や堤防沿いの家の灯が川面に映って酒巻の幼子時代への郷愁を誘った。船頭の顔には見覚えがあったので、思い切って土地の言葉で話しかけた。

「船頭はん。どうじゃろうかな。一寸水が出とらへんでー。土佐んでも雨が降ったんですかい」

「ほうですかいなー。ここんとこポカポカしとったんで、雨よりゃ雪が解けたんでひょーなあ」

旅路の終わり

舟が船着き場に着いた。ここには酒巻が忘れることのできない思い出がある。出撃直前、一泊休暇が終わって呉に帰るとき、酒巻は見送りを断ったが、母堂は「どうしても……」といって岩津の渡し場まで見送られた。

母堂は酒巻の何も変わったことはないという返事に納得されず、道すがら繰り返して同じ問いかけをされたが、酒巻は「もう、えいけん（よろしいから）」といって断っている。今は話せないが、話せるときが来たら話して許しを乞おうと考えていたのではないか。間もなく、そのときは来る。

夜の冷気を吸い込みながら、リュックを背負って凍てつくような道を一歩、一歩と我家に向かって歩いた。軒灯の点いた郵便局、役場、学校も戦災を免れて昔のままである。そして酒巻家のある集落の灯が見えてきた。

集落に入って、遂に我家の前まで来た。目の前には酒巻が生まれ育った家が昔のまま建っている。ほっと一安心した。二階の電灯は灯って誰かがまだ起きているらしい。しかし、酒巻はすぐさま家の中に走り込んでいく気にはなれなかった。家人の注意を引こうと足音を立てて庭を歩いたり、入口の靴拭いで故意に大きな音を立てたりして一寸聞き耳を立てたが誰も出てこない。

ままよとばかりに、戸に手をかけて力一杯引っ張ったところ、錠が掛っていなかったらしく、戸はガラガラと大きな音を立てて開いた。その音に釣られて、酒巻は「ただいま」と元気に大声を張り上げて家の中に入った。

誰かが二階から降りてくる気配がする。遂に我家に辿り着き、酒巻の足掛け六年に渡る数奇な運命の旅路は、ここでその終わりを告げたのである。

お断り――文中の日本人捕虜名は、一部を除き仮名。敬称略。

あとがき

太平洋戦争の開戦劈頭における真珠湾攻撃で、その主役を務めた航空部隊による攻撃とそれに呼応した特別攻撃隊の甲標的による水中攻撃を比べると、前者の計画と準備は極めて用意周到なのに対し、後者のそれらは、敢えていえば、付け焼刃の感無きにしも非ずと思うのは筆者だけであろうか。

事前に真珠湾攻撃に参加するかも知れないという気配はあったとしても、実際に参加が発動されたのは昭和一六年一〇月中旬（一三日という説もある）、すなわち、開戦の二ヵ月足らず前である。それもハワイに出撃するために要する日数の二〇日間を差し引けば、母潜と甲標的の改造と出撃準備、搭乗員の母潜からの発進と港湾侵入訓練に費やせる日数は一ヵ月強しかない。

航空部隊の真珠湾攻撃の計画と準備を見れば、山本GF長官が、昭和一六年一月に第一一航空艦隊司令長官大西瀧治郎中将に宛てた手紙で真珠湾奇襲攻撃の立案を依頼している。使用機材は、既に中国戦線で実戦に使用された実績のある零戦、九九艦爆、九七艦攻。その搭乗員の多くも中国戦線で実戦を体験している。

一〇月中旬になると、黒島亀人GF首席参謀は、「この作戦が認められないと長官は辞職するといっている」と軍令部次長伊藤整一中将にブラフ（はったり）をかけている。そして九州の各飛行基地では、真珠湾攻撃を想定した猛烈な飛行訓練が行なわれていた。このような状態から、航空部隊の真珠湾攻撃は、トップ・ダウンといえるであろう。

それに比べ、甲標的による真珠湾攻撃は、岩佐大尉を始めとする青年士官の殉国の熱情が上層部を動かしたというかボトム・アップで、甲標的自体も実戦に使用されたことがなく、当初の洋上襲撃から途中で港湾襲撃へとその用途を大きく変更し、甲標的の性能や搭載機器の信頼性に未解決の問題を抱えたままでの、いわば見切り発車的な出撃であった。山本長官は、最後の最後まで港湾侵入に同意せず、湾口で待ち伏せ攻撃をすることを主張していたという。

当初、筆者は特別攻撃隊という呼称ではあったが、この特別攻撃隊は、大戦末期の「十死零生《じっしれいしょう》」の特攻隊とは違って、生還を前提としていたと単純に思っていた。しかし、いろいろと文献などを調べているうちに、確かに建前はそうであっても、参加した隊員の本音は、最初から生還を期していなかったのではないかと今では思う様になった。

たとえば、酒巻少尉の場合である。母潜「伊二四」の水雷長兼先任将校だった橋本以行大尉（当時）は、その著『伊58潜帰投せり』の中で、「酒巻少尉の侵入襲撃計画は真珠湾に近づいて長時間の潜航をしたとき、かたわらで相談にのりながら、いくたびも見ていたが、最後の『収容』の段になると、いつも具体的な話ができず、とうとうそのまま出ていった。どうも最初から無事に帰る見込みは立たないと覚悟していたらしかったので、『死は易いから、死に急ぐ必要は無い』といさめたことがある。彼の発進後、遺品を整理したところ、遺髪と爪を包み、両親に別れの挨拶を書き残し、遺品全部の送り先を記して、送料まで添えてあった。残金は全部従兵に与えてあった。自爆用のマッチを油紙で包み、湿らさぬよう特別に大事にしていたことなどから、帰らぬ若人《わこうど》の覚悟の程がしのばれた。予定より延期して待ったが、ついに一隻も帰らなかった」とある。

本書を書きながら疑問に思ったことは、「手記」の中で座礁、離礁を繰り返しているときも、収容地点に向かう時点でも蓄電池の残存容量を確認する話が全く出て来ないことである。筆者は現役時代に航空会社で運航管理者をしたことがあり、チャーター便で日常行かない空港に行くときの飛行計画を作成する場合、搭載燃料の量については、特に神経を使ったものである。

もちろん、任務《ミッション》を優先する軍隊と、安全性を優先する民間航空とでは同日の論ではないかも知れないが、目的地に到着するためには十分な燃料が必要という基本的な考え方は同じであろう。攻撃後、湾口から収容地点まで五〇浬。これを六ノットで行けば云々《しかじか》の電池の残存容量、八ノットで行けば云々を必要とするから、少なくとも云々だけは残して置く、といった計画がないから、橋本大尉がいうように「具体的な話」ができなかったのではないか。

酒巻が最後に乗艇したとき、内地から出撃する前夜呉で買い求めた香水を、死臭や血糊の臭いを消すために振りかけたこと、立つ鳥は後を濁さず、身辺整理をして、余剰の金は従兵に与えていたことなどを考え合わせると、当初から生還を期していなかったのではないかと思われる。他の隊員についても、大同小異であったのであろう。

戦果はなかったが、一九〇四（明治三七）年の誕生以来、佐久間勉艇長を始め多数の犠牲者を出しながらも成長してきた潜水艦部隊にとって、甲標的の戦闘が初めての実戦になった。おそらく、真珠湾内において八時三七分、駆逐艦「モナハン」に対して発射された魚雷（岩佐艇）が実戦で発射された最初の魚雷である。太平洋戦争における最初の戦闘は、航空部隊の空襲よりも一時間一〇分も早い六時四五分の駆逐艦「ワード」による砲撃であり、日米最初の戦死者は、この甲標的（古野艇と広尾艇のいずれか）の搭乗員である。

搭乗員の講習が従来の洋上襲撃を前提としていたこと、開戦日が一二月八日（月明の夜）と決定していたために搭乗員が狭隘《きょうあい》で警戒厳重な真珠湾に侵入し、在泊艦船を襲撃するのに必要な練度に達する訓練時間の余裕がなく、また、前述の見切り発車的な実戦投入にも問題がなかったとはいえない。戦果を挙げられなかったことは、誠に止むを得なかったというべきであろう。

寡聞にして筆者は、永年、酒巻氏は戦後終始一貫して「黙して語らず」、著作は残しておられなかったと思い込んでいたが、令和二年の夏、終戦七五周年を記念して同氏の出身地徳島の青木《あおき》弘亘《ひろのぶ》氏（酒巻和男の資料収集・主催）を始めとする有志の方々が『俘虜生活四ヶ年の回顧』と『捕虜第一号』の復刻版を合本し、「酒巻和男の手記」と題して（株）イシダ測機プリント事業部から出版されたのでといって、知人の大森順次氏（「徳島白菊特攻隊を語り継ぐ会」会員）から一部御恵贈にあずかった。

捕虜という常人の理解を遥かに超える苦難、特に厭世、煩悶、自暴自棄、反抗と忍従といった精神的ストレスを克服し、ＰＴＳＤ（Post-Traumatic Stress Disorder〈心理的外傷後ストレス障害〉）にもならず、ハワイ出身の日系抑留者と生活を共にしているうちに、人間は何のために生きているのか、そして如何に生きるべきかという人生の基本問題を考えるようになると、当時の日本軍人としては最大の恥辱であった捕虜であることが大した問題ではなくなり、過去のことは胸に納め、もう一度自由で楽しい生活を再建し、アメリカ人に劣らぬ思慮ある日本人になろうと大英断を下された同氏に満腔の敬意を表したい。

そして、日本軍のソロモン、ギルバート、マーシャル、マリアナ諸島からの敗退に次ぐ敗退に伴って次々と収容されてくる多数の捕虜に自身の体験に基づいて助言し、彼らの生命を守るためには自身の生命を賭し、無事に帰国させた酒巻氏の功績は大きい。同氏の存在は、日米双方にとって幸運だったといえるのではないか。

捕虜収容所は交戦国の人間同士、しかも勝者と敗者との両極が直接、毎日々々接触する場所である。一寸した感情のもつれや行き違いによる心の中に鬱積《うっせき》した憤懣《ふんまん》が、その忍耐の臨界に達すると、カウラ（豪）注やフェザーストン注（ニュージーランド）のような流血事件が発生する。アメリカにおいて同様な事件があったとしても、何ら不思議ではない。

注：一九四四年八月五日未明、ニューサウス・ウェールズ州カウラで起こった日本軍捕虜約一〇〇〇名による集団脱走事件。監視兵は銃撃で対抗、死者二三五（豪四、日二三一）名、負傷者一〇八（日）名。

注：一九四三年二月二五日、ニュージーランド北島南部の南ワイララパにあるフェザーストン捕虜収容所で発生した日本軍捕虜殺傷事件。死者四九（NZ一、日四八）名、負傷者八六（NZ一八、日六八）名。

昭和二一年四月、酒巻氏は弁護人側の要請で証人としてBC級戦犯横浜法廷に出頭し捕虜当時に支給された被服類、受けた懲罰について弁護人側の訊問に答えているが、訊問が殴打の有無におよぶと検事側の異議申し立てが認められ、訊問は中止した。酒巻氏は、このことを「勝てば官軍」と評している。恐らく、同氏はその証言ができなかった内容をご家族にも話されず、黙って墓場まで持って行かれたのではないか。

筆者は酒巻氏に直接お目にかかったことはないが、知人の作家が同氏に取材を申し入れるとお断りになった。そのときの返信を拝見したことがある。ご自身やご自身の体験についてお話しすることはおこがましい。前述の横浜裁判のことを引用されて、捕虜問題は日米両国が敬遠している、捕虜に対していろいろな時代感覚を持った人がいる、との理由で取材をお断りして来たので、知人の取材を受けると公正を欠くことになる、というのがその理由の骨子だったと記憶する。

その返信は、酒巻氏のお人柄を示すようなきれいな読みやすい字で書かれ、文面から誰に対しても分け隔てなく常に誠実に対応される方という印象を受けた。そしてそのとき、兵学校の五省の「至誠に悖るなかりしか」という最初の条項が、ふと筆者の脳裏をよぎったことを覚えている。

周知の通り、酒巻氏は戦後トヨタ自動車工業に入社され、トヨタ・ド・ブラジル社長として手腕を振るっておられる。捕虜時代に収容所側との折衝で語学力を磨かれたことや欧米人の考え方を熟知されたことが、同氏の海外雄飛の原動力になったのではと拝察する。数奇な運命に弄ばれたともいえる同氏は、ご自分の体験について二冊の著作を残した以外黙して語らず、平成一一年に永眠された。享年八一。

令和三年一二月八日、かつての甲標的訓練基地の一つであった愛媛県西宇和郡伊方町の三机湾を見下ろす須賀公園に、太平洋戦争開戦八〇周年を記念して、これまでの「大東亜戦争九軍神慰霊碑」の傍に「史跡 真珠湾特別攻撃隊の碑」が前出の青木氏を始めとする関係者により建立された。

その碑の上部には攻撃に参加した酒巻少尉を含む総員一〇名の写真、下部の解説板には、次のように書かれている。泉下に眠る酒巻氏も、昔の仲間と一緒になれてきっとお喜びになっていることであろう。ここまで来るのに八〇年、感慨無量の一言に尽きる。

「太平洋戦争〈一九四一―四五〉の開戦劈頭《へきとう》ハワイの真珠湾軍港を攻撃するため特殊潜航艇五隻による特別攻撃隊が編成された
岩佐大尉以下十名の隊員は真珠湾攻撃に参加　酒巻少尉を除く
九名は戦死後二階級特進し九軍神として讃えられた　酒巻少尉は
自艇の故障・座礁により米軍に収容され捕虜第一号となった
一九四六年に帰国後はトヨタ自動車工業に入社し教育訓練・輸出
関係に従事一四年間ブラジルトヨタ社長を務める等戦後日本の復興
発展の最前線で約四〇年にわたり企業戦士として献身的に活動した
開戦八〇周年にあたり真珠湾特別攻撃隊の史跡として共に青春の
日々を過ごした三机の地にこの碑を建立する
二〇二一年一二月八日」

〈上〉トヨタ自動車工業で働いていたころの酒巻。
〈左〉ブラジルトヨタ社長時代の酒巻〔提供：酒巻潔氏〕

1991年、テキサス州フレデリックスバーグの太平洋戦争国立博物館で、自らが乗った甲標的と再会した酒巻

令和3年12月8日、太平洋戦争開戦80年を記念して建立された「史跡 真珠湾特別攻撃隊の碑」。かつて甲標的訓練基地があった三机湾を見下ろす須賀公園に立つ碑には、酒巻少尉を含む特別攻撃隊員10名総員の写真が刻まれている〔提供：青木弘亘氏〕

約束の海

開戰八旬堅忍兵
譽望回復一揮成
碑中十士是同志
魂返机灣約太平

開戦《かいせん》　八旬《はちじゅん》　堅忍《けんにん》の兵《へい》
誉望《よぼう》　回復《かいふく》　一揮《いっき》に成《な》る
碑中《ひちゅう》の十士《じっし》　是《こ》れ同志《どうし》
魂《こん》　机灣《きわん》に返《かえ》って　太平《たいへい》を約《やく》す

「史跡真珠湾特別攻撃隊の碑」を
拝して

令和四年五月　於三机

松喬　松原伸夫

最後になったが、酒巻氏の稀有かつ貴重な体験を書き残すことについて、令息酒巻潔氏と令弟松原伸夫氏お二方のご快諾と、潔氏からは写真を提供、松原氏からは少年時代の令兄について思い出話をお知らせいただいた。日本側の資料は、防衛研究所柴田武彦氏、青木氏ご夫妻、作家上原光春氏、ＰＯＷ研究会共同代表笹本妙子氏、大森順次氏、畏友近藤基樹君から、アメリカ側の資料は戦史作家マイク・ウエンガー、ドナルド・キーン、アンソニー・タリー、プライボン少尉の子息ロバート・プライボンの各氏から提供していただいた。

また、潮書房光人新社坂梨誠司氏には、出版について格別のご尽力いただいた。関係者各位に厚くお礼を申し上げる次第である。

二〇二三年六月

菅原　完

主な参考資料

海軍　岩田豊雄　新潮文庫　昭和三七年八月
伊58潜投せり　橋本以行　学研M文庫　平成一三年一月二一日
海軍教育成功とは失敗とは　吉田俊雄　光人社　昭和六一年三月
海軍兵学校岩国分校物語　菅原完　光人社　二〇一五年九月
遥かなりわが海軍　押尾隆介　上毛新聞社　平成二四年八月
昭和一六年一二月八日　児島譲　文芸春秋　一九九六年
俘虜ノ待遇ニ関スル条約（仮訳）一九二九年七月二七日
戦史叢書〈10〉ハワイ作戦　防衛庁防衛研修所戦史室　朝雲新聞社
日本海軍潜水艦史　日本海軍潜水艦史刊行会　昭和五四年九月二五日
軍事史学通巻一二七号　真珠湾攻撃の特殊潜航艇最後の訓練基地を追って　橋田庫欣　錦正社
平成八年一二月一日
特別攻撃隊　特攻隊慰霊顕彰会編　平成二年
酒巻和男の手記　捕虜第一号・俘虜生活四ヶ年の回顧　復刻版合本（株）イシダ測機二〇二〇

年八月一五日／増補復刻合本改訂版二〇二一年八月一五日
特潜勇士と軍神宿　岩宮　満　あかつき出版株式社　平成七年一〇月四日
真珠湾攻撃秘話　赤土の島　日本人パイロットを助けた日系二世　藤本文昭　二〇一二年一二月八日
江田島海軍兵学校　海軍クラブ臨時増刊号　昭和一一年五月一〇日
歴史と旅・太平洋戦争軍艦戦記　秋田書店　平成五年
月刊「丸」潮書房光人新社　二〇二二年一月号
月刊「丸」潮書房光人新社　二〇二二年二月号
澎湃の青春　海軍兵学校七〇期の記録　平成七年一二月
遥かなる回帰の海　兵七一期駆逐艦部編　非売品　佐藤清夫　二〇〇四年九月
江田島賛歌抄　江田島考古学会勝手連　平成一四年一一月
江田島賛歌抄・続　江田島考古学会勝手連　平成一五年四月
追憶無限　河野章　自家版　平成三年一月
生かされて　河野章　自家版　平成五年一月
伊号第一六潜水艦の真珠湾攻撃―伯耆町（溝口）出身山田馨艦長の日誌より―
特潜五艇の行動と最期　葭英夫
情勢の変化に適応できた特殊潜航艇（甲標的）―攻撃兵器から防御兵器へ―中村英雄
酒巻和男氏の講話　丸の内木曜会・兵学校第七四期生 久保陽

USS *Curtis*, Report of Pearl Harbor Attack
USS *Monahan*, -do-
USS *St. Louis*, -do-
USS *Tangier*, -do-
USS *Chew* (DD106) Deck Log & Action Report 7 December 1941,
USS *Helm* (DD388) -do-
USS *Ward* (DD139) -do-,
USS *PENSILVANIA* Flagship Report of Prisoner Number One E. T. Layton
FOURTEENTH NAVAL DISTRICT District Intelligence Office Report
SUBMARINE SQDN. FOUR USS *ARGNAUT*, Flagship Investigation of Japanese Submarine in Waimanalo Bay
Journal of 2/Lt. Paul C. Plybon 7-8 December 1941 courtesy of Robert B. Plybon

NF文庫書き下ろし作品

ＮＦ文庫

太平洋戦争　捕虜第一号
二〇二三年八月二十日　第一刷発行
著　者　菅原　完
発行者　赤堀正卓
発行所　株式会社　潮書房光人新社
〒100-8077　東京都千代田区大手町一-七-二
電話／〇三-六二八一-九八九一(代)
印刷・製本　中央精版印刷株式会社
定価はカバーに表示してあります
乱丁・落丁のものはお取りかえ致します。本文は中性紙を使用
ISBN978-4-7698-3322-2　C0195
http://www.kojinsha.co.jp

NF文庫

刊行のことば

第二次世界大戦の戦火が熄《や》んで五〇年——その間、小社は夥しい数の戦争の記録を渉猟し、発掘し、常に公正なる立場を貫いて書誌とし、大方の絶讃を博して今日に及ぶが、その源は、散華された世代への熱き思い入れであり、同時に、その記録を誌して平和の礎とし、後世に伝えんとするにある。

小社の出版物は、戦記、伝記、文学、エッセイ、写真集、その他、すでに一、〇〇〇点を越え、加えて戦後五〇年になんなんとするを契機として、「光人社NF（ノンフィクション）文庫」を創刊して、読者諸賢の熱烈要望におこたえする次第である。人生のバイブルとして、心弱きときの活性の糧《かて》として、散華の世代からの感動の肉声に、あなたもぜひ、耳を傾けて下さい。